지속적 · 고품질 · 다수확을 위한 토양관리

농사는 땅심이다

농사는 땅심이다

초판 1쇄 2019년 9월 20일
초판 5쇄 2024년 10월 21일

지은이 석종욱

출판책임 박성규
편집주간 선우미정
기획이사 이지윤
편집 이동하·이수연·김혜민
디자인 하민우
마케팅 전병우
경영지원 김은주·나수정
제작관리 구법모
물류관리 엄철용

펴낸이 이정원
펴낸곳 도서출판 들녘
등록일자 1987년 12월 12일
등록번호 10-156
주소 경기도 파주시 회동길 198
전화 031-955-7374 (대표)
031-955-7381 (편집)
팩스 031-955-7393
이메일 dulnyouk@dulnyouk.co.kr

ISBN 979-11-5925-451-2 (14080)
978-89-7527-160-1 (세트)

값은 뒤표지에 있습니다. 잘못된 책은 구입하신 곳에서 바꿔드립니다.

지속적·고품질·다수확을 위한 토양관리

농사는 땅심이다

석종욱 지음

들녘

차례

4강 토양생물과 미생물의 이용

5강 토양의 산도(pH) 관리와 양분의 균형 유지

6강 땅심을 살리려면 어떻게 해야 할까?

들어가는 말

『땅심 살리는 퇴비 만들기』를 출판할 당시(2013년 4월 26일), 필자는 그 책의 서문에 이렇게 적었습니다. 부디 이 책이 좋은 먹을거리의 생산을 위해 노력하고 계시는 많은 농가들의 관심을 받기를, 그래서 부족한 점이나 못 다한 내용들을 추가해 2판, 3판을 내어 지속적으로 농가들과 만나뵙기를 두 손 모아 기도한다고 말입니다. 그런데 새 책을 내고 있는 지금 고맙게도 『땅심 살리는 퇴비 만들기』가 7쇄를 거듭 출간하고 있다니 정말로 감사한 일이 아닐 수 없습니다. 이렇게나 뜨거운 호응을 보내주신 농민들과, 농사에 관심이 많으신 독자 여러분들께 진심으로 머리 숙입니다.

지난날의 자료들을 정리하다가 새삼 뒤를 돌아보게 되었습니다. 제가 땅심 살리는 가장 기본 자재인 퇴비를 알게 된 것이 1976년도이니, 어언 43년이라는 세월이 흘렀더군요. 그사이 30여 년 동안 퇴비공장 운영과 유기재배농장 관리를 했고, 그 후 10여 년간 퇴비공장의 고문을 지냈으며, 또한 전국을 다니며 "땅심 살리기" 강의를 해왔습니다. 지난 세월 제가 제조한 퇴비만 해도 10여만 톤은 족히 넘을 듯합니다. 퇴비를 연구하고 그 결과를 농업 종사자들에게 알리고 교육하는, 세계 여러 나라의 많은 저자들 중에 저만큼 실제로 퇴비를 제조하고 사업을 한 사람은 많지 않을 거라는 자부심과 긍지를 가지고 있습니다.

하지만 그러한 과정은 결코 순탄하지 않았습니다. 지금은 비료관리법에 의한 품질 관리가 어느 정도 이뤄지고 있습니다만, 1980년~1990년대까지만 해도 전혀 그렇지 않았습니다. 일부 퇴비업자들은 제대로 된 퇴비원료를 돈을 주고 구입하는 게 아니라 오히려 돈을 받고 인수한 산업폐기물을 사용하여, 발효도 안 한 채로 포장만 한 퇴비를 정상적인 퇴비의 1/2~1/3 가격인 1포대(20㎏)에 1,000원이라는 덤핑 가격으로 대량 내놓음으로써 시장을 교란시켰습니다. 그 바람에 저와 같은 사람들이 만든 제품은 외면 받기 일쑤였습니다. 제대로 발효를 시키는 제품 생산자가 바보 취급을 받는 안타까운 상황이 벌어지고 있었던 것입니다. 퇴비공장 경영에 참으로 많은 어려움을 겪었습니다. 생활비도 제대로 못 갖다주는 저를 대신해 아내가 직장생활을 하며 두 아들을 잘 키워준 데 대해서는 지금도 늘 미안하고 고마운 마음을 지니고 있습니다.

그러나 농민의 아들로 태어나 농업과 더불어 살아가라고, 하나님께서 만들어주신 이 땅을 꼭 지켜내야 한다는 신념은 한시도 내려놓지 않았습니다. 인간들의 욕심으로 병든 땅을 되살리는 일이 저의 천분이라 여기며 살아온 지난 40여 년의 세월에 대해 후회는 조금도 없습니다.

오늘날 우리나라의 농토는 땅심(지력)의 문제가 매우 심각합니다.

제가 어렸을 때는 논과 밭에 볏짚 등을 뿌려놓으면 몇 개월이 안 되어 분해가 되곤 했었지요. 그런데 지금은 일 년의 시간이 지나도 분해가 안 되는 땅이 수두룩합니다. 왜 그럴까요? 토양 속에서 유기물을 분해하는 미생물이 부족하기 때문입니다. 흙 1g당 최소한 2억 마리 정도는 되어야 하는 미생물이 고작 2천만 마리 정도에 그친다고 합니다.

우리나라의 땅은 비료 성분이 부족한 것보다 과잉이어서 오히려 문제가 되고 있습니다. 그리고 아무리 땅속에 비료 성분이 많아도 미생물의 작용이 없으면 작물이 그 성분을 이용하기가 어렵습니다. 그래서 이 미생물을 증식하고 활성화하기 위해 무조건 토양 속에 유기물이 많아야 한다고 생각하여 날(生)것과 미숙퇴비, 썩은 퇴비 할 것 없이 발효가 안 된 것을 마구 집어넣는데 그것은 아주 잘못입니다. 그렇게 하여 분석을 하면 유기물함량은 높게 나오지만 병충해 발생이 많아져 농사를 망치기 십상입니다. 왜냐하면 미숙퇴비나 썩은 퇴비 또는 생유기물을 넣어주면 병균들이 좋아해서 많이 생기고 우점(優占)하기 때문입니다. 그래서 토양 분석에 의한 시비 처방만으로는 땅심을 살리는 데 한계가 있습니다.

땅심이 좋은 곳이란 토양유기물 함량과 유익한 미생물이 함께 많은 땅을 말합니다. 현재 우리나라에는 토양유기물 함량에 따른 화학비료 시비처방 기준은 있지만, 유기질 자재(퇴비, 유박 등)의 시비처방 기준은 아직 없습니다. 지금은 과제로 연구 중에 있습니다.

얼마 전 어느 천주교 신부님이 쓴 글을 읽고 큰 충격을 받은 적이 있습니다. 암 환자가 많다는 아산병원이나 삼성병원에 가면, 암수술 환자의 60%가 시골에서 올라온 할아버지와 할머니라고 합니다. 우리나라 성인 사망자의 통계에 따르면 남자는 3명 중 1명, 여자는 4명 중 1명이 암으로 죽는다고 하지요. 또 20~30대 유방암 환자가 미국은 10%대인데 한국은 그 두 배인 20%대라고 합니다. 시골의 암 환자는 제초제와 농약 그리고 화학비료로 인한 것일 터이고, 젊은 암 환자가 많은 것은 수입 밀을 원료로 하여 만든 빵, 과자, 라면을 너무 많이 먹는 탓이 아닐까 생각해봅니다. 수입 밀은 태평양을 건너올 때 배 안의 높은 온도로 인한 변질을 막기 위해 방부제를 미국의 식탁에 오르는 것보다 15번 정도 더 친다고 합니다. 그리고 한국은 유전자조작 식품인 GMO 콩과 옥수수, 유채 등의 수입이 세계 1위라고 하지요. 우리도 외국처럼 GMO로 만든 식품인 경우 그 표시를 하여 소비자로 하여금 선택하게 해야 하는데, 아직 그렇지가 않아 안타깝습니다.

친환경농산물 중 무농약 인증 농산물 재배에 관한 얘기를 해보겠습니다.

친환경농산물에는 유기재배 농산물과 무농약재배 농산물이 있습니다. 일반 소비자들은 언뜻 혼동하기 쉬운데, 이 두 가지는 자재 사용에서 상당한 차이가 있지요. 유기재배는 농약은 물론 화학비료와 제초제 등 어떠한 화학적인 합성농약을 사용하지 못하지만, 무농약재배는 양액(수경)재배가 가능하고 화학비료를 권장량의 1/3 이하로 사용할 수 있습니다.

현행법에 의하면 유기재배 기준을 충족시키더라도 유기농 인증을 받으려면 무농약 인증을 먼저 받고 또 유기농 전환기를 거쳐야만 합니다. 관행농업에서 친환경농업의 최상급인 유기농업으로 가기 위해 점진적인 적응 과정을 거치도록 마련된 제도입니다. 그런데 전량 양분을 양액으로 재배하는 양액재배(수경재배)는 그렇다 치고, 토경(土耕)의 경우 화학비료를 권장량의 1/3 이하로 사용하도록 되어 있는데 그러면 나머지 2/3는 무엇으로 보충하라는 것입니까? 바로 퇴비와 유기질비료(유박, 쌀겨 등)를 주거나 녹비작물을 심어 땅심을 살리라는 것이지요. 이러한 자재들의 분해로 생기는 양분과, 수많은 미생물과 선충, 지렁이와 각종 소동물들이 살고 죽고 하는 과정에서 얻어지는 각종 양분, 녹비(콩과)작물 재배로 고정되는 질소 등의 양분을 공급하고 나머지 부족분 1/3 이하를 화학비료로 보충해서 재배를 하라는 것입니다. 그런데 이 원칙대로 무농약재배를 하면 좋겠습니다만, 실상은 그렇지 않는 경우가 상당히 많습니다. 농약만 검출되지 않으면 된다고 생각하여 화학비료를 1/3 이상을 쓰는 경우가 많은데, 그렇다면 농약을 빼고 일반재배와 무슨 차이가 있는지 묻고 싶습니다.

지금까지는 농약과 제초제에 대한 안전성을 강조하다 보니 화학비료의 영향에 대해서는 간과한 측면이 있지만, 화학비료는 땅을 산성으로 만들거나 토양 내 염류를 집적시키고 수질을 오염시키는 원인이 됩니다. 적당량을 사용하면 좋겠지만요

우리는 농사를 지을 때 효과가 빠른 질소비료를 가장 선호하게 됩니다. 그런데 작물이 흡수한 질산염은 우리의 체내에서 아질산염으로 바뀌고, 이것이 우리가 섭취한 육류나 생선이 분해되면서 나오는 아민과 결합하여 세계보건기구 지정 1급 발암물질인 니트로사민이 된다고 합니다. 건강을 위해 상추와 고기를 함께 먹는다고 하지만, 화학비료 범벅인 채소라면 차라리 안 먹느니만 못할 수도 있다는 얘기입니다.

그렇다면 유기재배는 화학비료를 안 주는 거니까 무조건 괜찮은 걸까요? 그것은 아닙니다. 미숙퇴비나 유박 같은 유기질비료만을 사용해도 질산염은 나옵니다. 유박 등은 탄질비가 아주 낮아 땅속에 들어가자마자 화학비료와 유사하게 분해되고, 그 양분을 작물이 빠르게 이용하게 되어 역시 화학비료와 같은 문제를 일으키게 됩니다. 퇴비 또한 미숙된 것은 퇴비 자체의 양분 보유 능력이 부족하여 그 양분이 흙으로 나오게 되므로, 작물이 그 양분을 다량 흡수하게 되어 문제가 됩니다.

일본의 분석치에 따르면, 흙에서 재배한 것보다 양액(수경)재배한 것이 질산염 수치가 무려 5배 이상이라고 합니다. 이 분석표를 보면서 뿌리 부근에 영양분이 많이 존재하면 작물이 그것을 쉽고 빠르게 흡수한다는 것을 알 수 있었습니다. 그리고 몇 년 전 독일에 연수를 갔을

때 놀란 적이 있습니다. 농업 담당 고위 관리가 작기가 끝난 후 1년에 한 번씩 각 농장마다 1m 지하의 질산염을 조사하고, 기준치 이상이 나오면 정부 보조나 각종 지원을 배제한다는 것입니다. 국가의 백년대계를 위해 토양과 환경을 얼마나 중요하게 여기고 있는지 절실히 느낄 수 있어, 농업선진국의 면모를 볼 수가 있었습니다.

완숙퇴비란 퇴비 원료 속의 단백질과 당분을 비롯한 각종 양분과 유해물 및 유기물의 구성 물질들이 미생물에 의해 분해되고 최종적으로 땅속에 들어가 흙과 작물에 피해를 주지 않는 안정된 상태의 것을 말합니다. 그런데 각종 퇴비의 보비력은 그 원료에 따라 차이가 큽니다. 예를 들어 볏짚은 CEC(보비력)가 9.9에 불과하지만, 목질류 수피는 51~66이고, 목질류를 퇴비화했을 때는 70 이상이 되며, 또 목질류가 토양미생물에 의해 부식화되면 600 이상이 된다고 합니다. 볏짚은 리그닌이 목재의 1/11밖에 되지 않아 땅속에서 단기간(1년 이내)에 분해가 되어 없어지지만, 목질류는 5년 이상 땅속에 존재하면서 흙보다 20배 이상의 양분과 6~10배의 수분을 보유해 땅심을 높여주고 작물이 잘 자라게 해줍니다.

퇴비를 많이 사용하면 토양과 수질오염을 유발한다고 하는데 그것은 미숙퇴비의 경우이고, 완숙퇴비를 사용하면 각종 양분을 저장하고 땅심은 물론 심지어 탈취 효과까지도 볼 수 있습니다. 질산염을 줄이고 땅심을 빠르게 높여 유지하려면 보비력이 높은 퇴비 원료를 사용해 잘 발효한 후 사용해야 합니다. 이때 잊지 말아야 할 것은 화학비료는 수시로 필요에 따라 적정량의 양분을 공급할 것이며 한꺼번에 과잉 시비를 하지 말아야 한다는 것입니다.

저는 지난 10여 년 동안 농민들을 대상으로 땅심 살리기 교육을 할 때면 늘 이런 얘기를 하곤 했습니다. "병약한 어머니가 건강한 아기를 출산할 수가 있습니까?" "건강보조식품과 영양제가 수도 없이 많은데 밥은 안 먹고 이런 것들만 먹고 건강을 유지할 수가 있습니까?" 제 말의 요지는, 아무리 작물 재배에 좋다는 영양제와 미생물이 시중에 나와 있어도, 땅속에 토양유기물이 없으면 안 된다는 것입니다.

토양유기물은 퇴비, 녹비작물, 볏짚을 비롯한 각종 유기물로 만들어지는데 그중에 제일 좋은 것은 완숙퇴비입니다. 퇴비라고 해서 다 같은 퇴비가 아니며, 어떤 원료로 어떻게 만들어졌는지가 가장 중요한 관건입니다.

최근에 나온 농산물들의 분석 자료를 보면, 각종 양분들이 우리 할아버지 때의 것에 비해 20%에 불과하고, 미국 사과의 경우 철분 함량이 100년 전보다 40분의 1로 줄어들었다고 합니다. 이렇게 부족한 각종 미네랄이 빠른 노화와 성인병과도 무관하지 않다는 연구 자료가 많이 나오고 있습니다.

물과 공기를 통해 흡수가 가능한 탄소·수소·산소와 그 외 비료성분 13종만을 합해 16종(규소와 니켈을 포함하면 18종)을 공급하는 양액(수경)재배와, 질 좋은 퇴비 속에 들어 있는 60~80종의 미네랄로 지은 작물은 분명히 차이가 있습니다. 그런데도 수경재배가 청정채소라 더 맛있고 몸에도 좋다는 얘기를 듣게 되니 참으로 어이가 없습니다. 더구나 양액재배는 유기농으로 인증을 받을 수도 없습니다.

지구상의 천연 고체 원소 92종 중 우리 인체에서 발견되는 원소는 82종이라고 합니다. 나이가 들수록 몸속에 있는 무기물(미네랄, 광물질 원소)이 배설이나 소모로 인해 줄어들어 몸이 노화하고 병을 앓게 되는데, 그 보충은 오직 농작물을 통해서만 가능합니다. 비타민은 인간이 합성을 못 하지만, 식물(채소, 과일)과 동물(육류, 생선)은 합성이 가능해 이것들을 먹으면 됩니다. 그러나 미네랄(무기물)은 인간은 물론 식물과 동물도 그 합성이 불가능합니다. 흙속에 있는 것이라야 농작물이 그것을 먹고 자라고, 그 농작물을 먹어야 인간의 몸속에 들어올 수가 있다는 것입니다. 그래서 흙과 인체는 따로따로가 아니고 신토불이(身土不二)인 것입니다.

끝으로 이 책이 죽어가는 땅심을 살리는 데 도움이 되었으면 정말 좋겠습니다. 최근 연작피해로 농사에 어려움을 겪던 농민과, 귀농 2~3년 만에 저의 퇴비 책을 읽고 교육을 받고 농사에 성공한 몇몇 분들을 보면서 역시 "농사는 땅심이다"라는 생각을 더욱 많이 해보았습니다.

땅에서 작물을 재배하는 농민이나 임업인, 귀농귀촌인, 도시농업인 등 모든 분야의 독자 여러분들께서 이 책에 호응을 보내주시고, 땅심에 대한 관심이 더욱 커져간다면, 앞으로 몇 년 후 새로운 기술과 사례들을 찾고 모아서 또다시 여러분을 찾아뵙게 되기를 소원합니다.

혹시라도 잘못된 내용이나 수정해야 할 부분이 있으면 질정해주시기 바랍니다.

이 책을 읽어주시는 모든 분들께 감사를 드리며, 건강하심과 농사의 대성을 기원합니다.

2019년 8월 부산 해운대에서

석종욱 배상

흙이란 무엇인가?

1강

1

흙은 어떻게 만들어졌는가?

흙은 암석으로부터 만들어졌습니다. 비, 바람 열, 압력 등에 의해 암석이 분해되어 이른바 흙이 성분으로서 처음 지구상에 생겨난 것은 약 4억 년 전으로 추정됩니다.

그 가운데 직경이 2.00~0.20㎜의 것을 거친 모래라 하고 0.20~0.02㎜인 것을 가는 모래, 0.02~0.002㎜의 것을 가루 모래라고 부르며, 0.002㎜ 이하의 것은 흙의 기능에서 매우 중요한 역할을 하고 있는 것으로 점토(粘土)라고 부릅니다.

젖은 흙에 찰기가 있는 것은 흙속에 점토가 포함되어 있기 때문이며, 반면에 마르면 딱딱해지는 것도 이 점토의 성질 때문입니다.

자연계에서 모래와 점토의 함유량이 각기 다른 여러 가지 암석의 파쇄물이 생겨나는데, 암석의 파쇄물과 풍화생성물의 위에는 맨 먼저 양분을 거의 필요로 하지 않는 지의류(地衣類: 균류와 조류의 공생체)와 이끼류가 생겨납니다. 그다음에는 이런 식물의 분해로부터 생겨난 양분을 이용하고, 또 다른 미생물과 광합성을 할 수 있는 소형 생물이 생겨나지요. 이렇게 하여 흙에 더해진 유기물은 점점 늘어나고, 점점 큰 식물이 생육할 수 있게 됩니다. 이런 과정을 되풀이함으로써 암석의 풍화생성물이 점차 현재와 같은 흙으로 진행되는 것입니다.

이와 같이 흙이란 암석의 붕괴와 풍화작용 등의 물리적·화학적인 작용, 그리고 동식물에 의한 생물적 작용이 함께 어우러져 오랜 세월에 걸쳐 생성됩니다.

2

흙과 식물의 관계

1*cm* 정도 두께의 흙이 만들어지기까지는 암석의 풍화에서부터 약 300년이 걸린다고 해요. 실제로 대부분의 흙은 몇 천 년에서부터 몇 만 년에 걸쳐 생성된 것입니다.

흙은 단순히 무기물의 집합체가 아닙니다. 미숙한 흙에는 생명을 기르는 힘이 없지요. 암석이 풍화되어 하등식물이 정주하고, 토양화가 더욱 진행되면 현재와 같은 큰 식물이 생겨납니다. 그렇게 되면 많은 잎과 가지 등이 토양 표면에 떨어지고, 그것이 퇴적되고 썩어 유기물이 많이 포함되어 있는 부드럽고 거무스름한 흙이 만들어집니다.

자연 상태에서 흙이 만들어지는 과정을 보면, 동식물 유체 등 유기물이 하는 역할이 매우 큽니다. 유기물을 많이 함유한 부드럽고 거무스름한 흙에서는 식물의 생육이 아주 좋거든요. 옛날 사람들이 뿌리에서 흡수된 액체의 부식에 의해 식물체의 유기물이 만들어졌다고 믿었던 것도 틀린 얘기는 아닙니다. 이와 같이 식물 없이는 흙 또한 만들어 질 수 없었던 것입니다.

3

흙의 구조

지구의 생물권은 암석권인 고체상, 수(水)권인 액체상, 그리고 대기권인 기체상으로 나누어집니다. 암석권의 최상부에 위치하고 있는 흙은 이와 같은 물체의 3상을 모두 갖추고 있는 독특한 생태계지요. 인간의 생활환경에 공기와 물 그리고 각종 물질이 있듯이 생물이 살고 있는 흙도 마찬가지입니다. 흙 알갱이들 사이에는 물이 흐르고 공기가 있어 생물이 살 수 있는 것입니다. 흙은 대체로 부피의 50%가량이 크고 작은 여러 가지 흙 입자로 구성되어 있는 덩어리(고상, 固相)로 이루어져 있고, 나머지 25%씩은 흙 입자들 사이에 분포하는 물(액상, 液相)과 공기(기상, 氣相)로 구성되어 있습니다. 이러한 삼상(三相)이 차지하는 비율은 흙의 종류, 기후, 인간의 관리 등으로 상당히 변해왔습니다. 큰비가 내린 후 흙이 물에 흠뻑 젖으면 물의 양이 아주 많아져 액체 속에 고체와 기체가 분산해 있는 상태가 됩니다. 반대로 가뭄 때에는 기체 속에 고

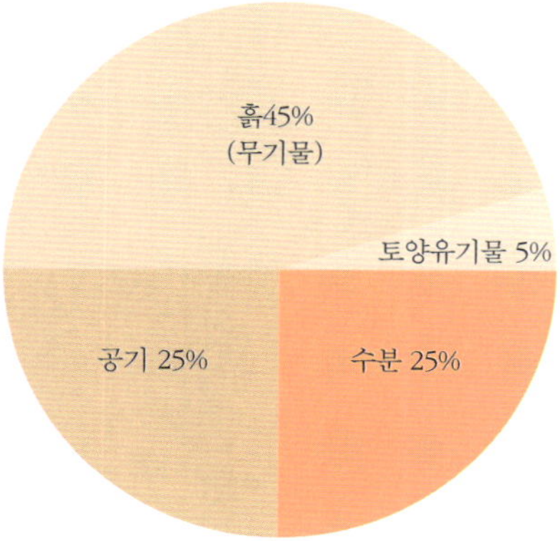

◇ 토양의 삼상

체와 액체가 있는 상태로 되지요.

흙은 크고 작은 여러 가지 흙 입자로 이루어져 있는데, 이 흙 입자가 집합한 것을 떼알구조라 합니다. 떼알구조의 흙에는 많은 틈, 전문 용어로 말하면 공극이란 게 있어요. 공기구멍이라고 하면 될 것 같은데, 흙의 공극은 일반적인 흙에서는 용적의 40~50%를 차지합니다. 60% 정도일 때가 농사에 최적이라고 합니다.

한편 흙 입자가 한 알 한 알 흩어져 있는 구조를 홑알구조라고 합니다. 홑알구조의 흙에는 흙 입자가 흩어진 상태로 꽉 차 있기 때문에 중요한 공극도 매우 적지요. 그 때문에 물의 저장은 잘 되어도 공기가 적어서 산소 부족의 상태가 됩니다. 반대로 떼알구조의 흙에는 공극이 많기 때문에 떼알의 내부에는 물이 저장되고, 떼알과 떼알 사이의 틈에 공기가 존재하여 물과 공기의 균형이 잘 유지되는 것입니다.

떼알구조는 다음과 같은 과정을 통해 형성됩니다. 먼저 흙속에 있

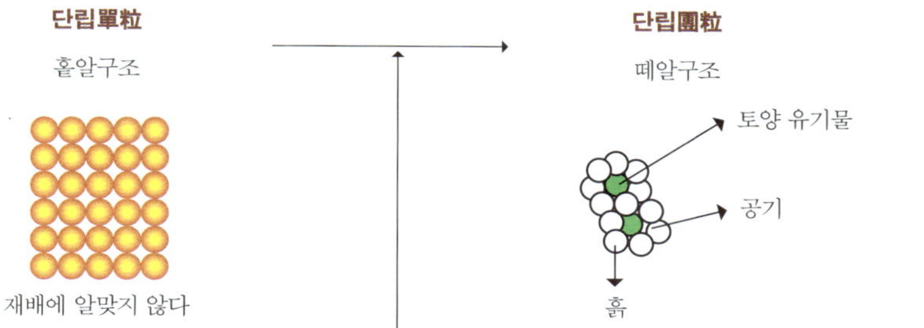

• 통기 · 보수 · 배수 · 보비력 나쁨
• 비가 올 때 과습 피해 많음
• 가뭄의 피해 심함
• 비료분의 유실이 심함
• 산성이 강함(벽돌처럼 단단함)

• 통기 · 보수 · 배수 · 보비력 좋음
• 과습 · 한발의 피해가 적음
• 유효미생물이 많고 생물상이 다양함
• 비료 유실이 적음(스폰지처럼 탄력 있음)

◇ 토양의 구조 비교

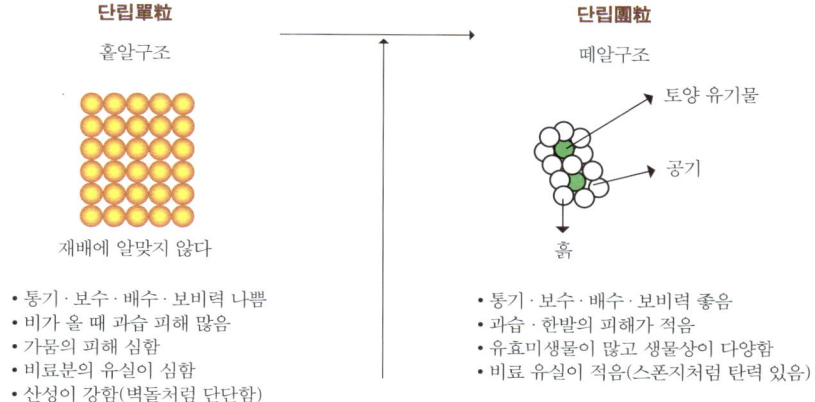

는 철과 알루미늄 등의 양이온과 토양유기물(부식)이 결합제 역할을 하여 가장 작은 흙 입자인 마이너스 전기를 띠고 있는 점토를 접합함으로써 아주 작은 떼알을 만듭니다. 그리고 아주 작은 떼알끼리 몇 차례 결합하여 큰 떼알이 생성됩니다.

그러나 이렇게 해서 생긴 떼알은 내수성이 없어서 빗물이나 흙속의 물에 쉽게 부서지고 맙니다. 이렇게 물에 부서지지 않도록 보강하는 것이 토양 유기물, 뿌리의 부식물, 미생물 균체입니다. 이러한 물질이 점토 사이, 또는 점토와 석영 사이에 들어가 결합시키는 시멘트 역할을 하는 것입니다. 그리고 식물의 뿌리에 의한 떼알의 결합력과 균체가 분비하는 점질의 다당류도 보강제 역할을 하지요. 미생물의 떼알화 작용은 곰팡이가 가장 크고, 그다음이 방선균, 세균의 순입니다.

4

흙은 어떤 역할을 하는가?

1) 양분 조절

흙을 구성하는 입자에는 앞서 말한 바와 같이 자갈, 모래, 점토 등의 크고 작은 여러 가지 물질이 혼합되어 있습니다. 이들 입자는 다른 물질을 흡착하거나 용출하는 일을 하고 있지요. 이는 흙을 구성하는 입자 표면의 기능으로서 흙이 지니는 가장 기본적인 성질의 하나입니다. 흙에 포함되는 입자의 총 표면적이 넓으면 넓을수록 이 성질이 강해집니다.

흙의 표면적은 일반적으로 입자가 미세할수록 넓어집니다. 예를 들면 입경 0.002㎜ 점토는 입경 2㎜ 모래의 1,000배 표면적을 가지지요. 즉, 점토 1g의 표면적은 1㎏ 모래의 표면적과 같게 된다는 겁니다.

흙 입자의 표면은 일반적으로 마이너스 이온(-)을 띠고 있고, 그

흡착 에너지도 막대합니다. 이러한 성질은 동시에 거대한 이온교환체로서 주위의 이온을 끌어당기고 있지요. 그래서 다른 새로운 이온이 가해지면 원래의 이온을 방출하고 새로운 이온을 받아들이는 것입니다. 이러한 작용이 식물의 영양이 되는 무기원소를 공급하는 데 매우 큰 역할을 하고 있습니다. 여분의 비료 성분을 저장해두고 부족할 때에는 다시 방출하여 농도 장애와 결핍이 없도록 조절하는 중요한 기능을 하는 것이지요. 흙에는 점토가 포함되어 있기 때문에 이온을 교환하는 움직임이 늘 있고, 이러한 작용이 식물의 영양이 되는 무기원소를 공급하는 데 매우 큰 역할을 하고 있습니다.

그러나 점토만으로 이루어진 흙은 흡착력이 너무 크기 때문에 경작하기조차 곤란하게 됩니다. 게다가 배수가 나빠지거나, 필요한 양분이 흙에 강하게 흡착되어 식물에 미치기 어려워 도리어 생육에 장해를 주기도 합니다. 따라서 점토 표면의 흡착력을 완화하고 조절하여 토양구조를 형성시키고 농경에 적합하도록 만드는 것이 점토보다 거친 흙입자인 거친 모래와 가는 모래이고 토양유기물의 작용인 것입니다.

2) 수분 조절

흙은 투수성(透水性)과 보수성(保水性)의 균형이 적절히 유지되는 것이 꼭 필요한데, 이것을 지배하고 있는 것이 떼알구조 흙입니다. 떼알구조 흙에서는 물의 침투도 잘 되기 때문에 표면의 흙이 빗물에 씻겨 내려가거나 침식에 의해 유실되어 경지가 황폐되는 일도 일어나지 않습니다.

흙은 언뜻 보아 균질적인 것으로 보이지만 실질적으로는 전혀 그렇지 않습니다. 따라서 흙속에 존재하는 물이나 공기, 서식하고 있는 미생물도 모두 매우 불균등하게 분포해 있습니다. 예를 들면 산소가 있는 부분과 없는 부분이 양립합니다. 따라서 흙에서는 통기성과 보수성이라는 매우 상반되는 성질이 적절히 공존하는 것입니다.

3) 미생물 서식

흙이 작물 생산의 기능으로서 가장 중요한 것은 미생물의 집과 활동 공간을 제공한다는 것입니다. 약 1g의 흙속에는 적게는 수백만에서 많게는 수십억에 이르는 많은 미생물이 서식하고 있지요. 종류도 세균, 곰팡이, 방선균, 효모 등 매우 다양하며 호기성 미생물과 혐기성 미생물이 공존하고 있습니다.

흙속에는 끊임없이 이런 미생물들이 활동을 계속하여 유기물을 무기질로 분해하고 있습니다. 흙 입자의 떼알화에도 미생물들이 중요한 일을 하고 있지요. 세균은 체외에 점질물을 분비하여 흙 입자를 결합시키는 일을 하고 있습니다. 또 사상균에는 그 균사가 입자 자체를 연결하여 떼알로 만드는 작용을 합니다.

5

좋은 흙이란?

좋은 흙이란 한마디로 토양생물이 사는 데 필요한 유기물이 풍부한 흙을 말합니다. 유기물이 많이 포함되어 있는 흙은 검은색을 띠고 있는데 수분이 많이 함유되어 있을수록 짙은 빛깔을 냅니다. 이런 흙에서는 지렁이와 같은 토양동물과 토양미생물이 풍부하게 살고 있지요. 좋은 땅에서는 지렁이들이 매년 10a당 10톤의 흙을 먹고 배설해낸다고 해요. 또 흙알이 좁쌀이나 팥알만 한 떼알을 만드는데, 이러한 떼알이 잘 만들어진 흙이 좋은 흙입니다. 떼알 상태가 되면 흙 사이의 틈이 많아져 수분을 보유할 수 있는 능력(보수성)이 커지며 식물의 뿌리가 뻗기에 좋은 조건이 갖춰집니다. 미세한 공극에서는 모세관 인력에 의해 중력에 역행하여 물을 보유할 수 있습니다. 그렇지만 굵은 공극에서는 모세관 인력이 작동하지 않기 때문에 물은 중력으로 흘러 내려갑니다. 따라서 미세 공극과 큰 공극이 함께 있는 떼알구조의 흙은 보수성이 좋고 동시에 투수성도 좋습니다.

흙은 식물이 자라는 데 필요한 양분의 풍부한 보고입니다. 좋은 흙에서는 통상 질소, 인산, 칼륨 이외에는 부족한 것이 없지요. 부족하기 쉬운 이 3원소는 경지에 인위적으로 보급됩니다. 대부분의 양분 원소는 흙으로부터 식물의 뿌리를 통해 공급되는데, 이는 흙에 식물의 영양을 부양하는 능력(보비성)이 있기 때문입니다.

그리고 흙이 지니고 있는 화학적인 성질 가운데 농작물의 생육과 밀접한 관련을 갖고 있는 것이 산성도입니다. 우리나라의 흙은 대개 산성을 띠고 있지만, 일반적으로 식물과 토양생물들은 중성인 흙을 훨씬 좋아하지요. 흙이 산성화되는 이유는 석유, 석탄을 땔 때 나오는 굴뚝 연기와 자동차 배기가스 등에 의한 산성비가 주원인입니다. 또한 화학비료를 지나치게 많이 쓰는 농가도 토양산성화가 빠르지요.

몇 년 전 강의차 충북 괴산 지역에 갔을 때의 일입니다. 수강생 중에 노용석 씨라는 분이 필자에게 제안을 해왔어요. 그분은 심마니를 직업으로 하는 분인데, 얼마 전 산에서 산삼 몇 포기를 보아둔 곳이 있다고 했습니다. 그곳이 산길에서 얼마 떨어지지 않는 곳이며, 산삼 같은 것은 먼저 찾아낸 사람이 임자라고 했어요. 그러면서 내일 시간이 있으면 캐러 가자는 겁니다. 다행히 그다음 날 시간이 나는지라 그분 댁에서 숙박을 하고 이튿날 함께 산으로 갔지요. 그런데 필자는 산삼을 캐러 간다기에 괭이나 삽 같은 것을 단단히 챙겨서 가는 줄로 알았는데 전혀 그렇지가 않은 거예요. 면장갑과 전정가위가 전부였습니다. 산삼을 무엇으로 캐느냐고 물으니 그저 손으로 캔다고 했어요. 믿기지

◇ 산삼 캐는 모습(왼쪽)과 캐낸 산삼(오른쪽)

는 않았지만 그냥 따라갔지요. 그분은 헤매질 않고 바로 그곳을 잘 찾았습니다. 그런데 캐는 방법은 정말 간단했어요. 장갑을 끼고 산삼 둘레의 흙을 걷어내고는 근방의 나무뿌리를 전정가위로 잘라내면서 산삼의 세근이 다치지 않도록 조심성 있게 캐는데 별로 힘이 안 들어 보였습니다.

위의 사진에서 보는 바와 같이 잔뿌리가 다치지 않고 캤는데 약 10년근이라 했습니다. 다섯 뿌리 중 두 뿌리는 그 자리에서 먹고, 남은 세 뿌리는 나무상자에 이끼를 깔아 그 위에 넣은 다음 뚜껑을 덮어 부산 집에 가져와 냉장고에 넣어 보관을 했지요. 2개월 후에 열어보니 싱싱한 채로 그대로인 거예요. 그때 들은 바로는, 산삼은 사포닌이 일반 인삼의 50배라고 했는데, 자란 땅의 조건이 통기성을 비롯해 배수성, 보수성, 보비력과 떼알구조 등이 다 좋은 곳으로 보였습니다. 그래서 자연적으로 만들어진 좋은 토양에서 자란 식물이 더욱 가치가 있는 거구나 하는 생각을 그때 새삼 하게 되었습니다.

왜 해마다
수확량이 줄어들고,
병충해도 심하고,
품질이 떨어질까?

2강

1

좋은 농산물이란 어떤 것일까?

우리는 왜 좋은 농산물을 찾으며, 좋은 농산물이 어떤 것인지에 대해 궁금해할까요? 미국 하버드대 심신의연구소 엘런 C. 로건 교수가 자신의 책에서 "당신이 먹는 음식, 그것이 바로 당신이다(you are what you eat)"라고 한 것과, "음식으로 고칠 수가 없는 병은 의사도 고칠 수가 없다."고 한 현대의학의 아버지라고 불리는 히포크라테스의 말에 그 답이 있습니다. 먹을거리와 인간의 건강은 직결되어 있습니다.

그러면 이 좋은 먹을거리인 음식, 그중에서도 가장 기본인 좋은 농산물이란 어떤 것인지에 대해서 한번 알아봅시다.

첫 번째는 누가 뭐래도 건강에 좋고, 농약 등 유해성분이 없는 안전한 농산물일 것입니다. 현재 우리나라 소비자들에게 대표적으로 다가가는 것이 친환경 농산물이라는 이름을 단, 유기재배와 무농약재배의 농산물입니다. 그런데 이 친환경농산물은 전체 농산물 재배면적의

5%정도밖에 되질 않아 이것만으로는 우리 국민들이 먹고 살기에 턱없이 부족합니다. 그래서 일반 농산물과 GAP인증 받은 것을 비롯해 농약 허용 기준치 이내의 농산물도 안전한 농산물이라고 칩니다.

두 번째는 아무래도 맛이 좋아야 합니다. 색깔이 좋고 크기가 크고 외형이 좋다고 해도 맛이 없는 농산물은 별로 인기가 없지요. 실례로, 경남 밀양의 얼음골사과가 한때 2배 이상의 값을 받았다든가, 부산 김해공항 부근의 대저짭짤이토마토는 계절에 따라 차이는 있지만 3배 이상의 값을 받고, 청도 한재미나리가 다른 미나리들보다 비싼 것은 다 그 나름의 맛에서 기인한다고 봅니다.

세 번째로는 영양성분이 높고 가격도 싸야 합니다. 물론 가격이 싸야 한다는 것은 소비자의 입장일 테고 생산자의 입장에서는 조금이라도 비싸게 내다팔 수 있어야겠지요. 어쨌든 가격은 제쳐두고라도 영양성분이 높아야 좋은데, 사실 이 영양소의 함유는 비료만 많이 준다고 되는 것이 아니고 땅심이 좋아야 가능한 것입니다. 땅심은 이 책의 큰 주제인 만큼 앞으로 차근차근 다루기로 합시다.

2

농사에 땅심보다 더 우수한 기술은 없다

농업 서적을 보다 보면 "농사에 땅심보다 더 우수한 기술은 없다" "흙이 모든 것을 결정한다" "흙이 품질과 생산량을 좌우한다" "토양을 파괴하는 것은 나라를 파괴하는것과 같다(The nation that destroys its soil destroys itself)"는 내용들이 나오는데, 이는 땅심이 농사에 미치는 영향들을 정확하게 잘 표현하는 말들입니다.

구분	1. 땅	2. 품종 선택	3. 비배 관리
유기재배	70%	← 30% →	
일반재배	50%	← 50% →	

◇ **표 2-1** 농사의 순서와 땅의 비중

위 표와 같이, 농사를 잘 지으려면 첫째는 땅을 살리고, 둘째는 품종 선택을 잘 하고, 셋째는 비배 관리를 잘하는 게 맞습니다.

그런데 우리의 현실은 어떤가요? 무엇보다 품종 선택에 대한 관심들은 아주 많습니다. 예를 들어 고추 농사를 하는데 녹광이라는 품종을 심어 대박이 났다고 하면 그다음 해 그 동네는 온통 그 품종으로 뒤덮이는 장면을 심심찮게 보게 되지요. 또 비배 관리는 어떤가요? 어떤 영양제를 사용해 효과를 보았다고 하면 역시 그 제품을 불티나게 구입해서 사용할 것입니다.

하지만 땅에 관한 관심은 의외로 적습니다. 작년에 농사가 잘되었으니 금년에도 잘되겠지 하는 생각을 갖는 분들이 많은데요, 땅은 우리의 생각대로 되지 않는 경우가 참으로 많습니다. 품종 선택과 비배관리를 제아무리 열심히 했다손 치더라도 땅심이 뒷받침되지 않으면 농사가 성공할 수 없습니다.

땅심을 중시하여 성과를 거둔 농사의 대표적인 사례를 만나볼까요? 2019년 현재 (사)한국유기농업협회 회장으로 있는 이해극 씨의 경우입니다. 필자는 이분과 만나 각별하게 지낸 지 40년이 되었는데, 2016년 11월 22일 이회장의 초청으로 그의 농장에 가본 적이 있습니다. 강원도 정선군과 평창군의 경계지점인 정선읍 회동리 산1-1번지 청옥산 해발 1,230m에 위치한 12만 평의 농장입니다.

이해극 씨는 1990년 40세의 나이에 입산할 당초부터 땅심을 살리는 데 주의를 기울였습니다. 매년 가을 경작이 끝난 후 호밀 재배를 30년 동안 꾸준히 지속해왔지요. 그 결과 지금은 토양유기물이 5% 이상이 되어, 고랭지 무와 브로콜리, 셀러리, 시금치, 상추 등의 유기재배로 매년 재미를 본다고 합니다. 2017년 9월 13일에는 무 60톤과 셀러리

4.5톤을 수확, 판매하여 하루 매출을 1억1천만 원이나 올렸다고 해요.

이 농장 주위에는 빈 땅이 아직 많아 고랭지(보통 해발 600m 이상을 고랭지라고 함)채소 재배를 위해 들어오는 분들이 꽤 있다고 합니다. 그런데 그분들은 대체로 땅심 살리는 일에는 관심이 없고, 기존의 관행대로 농약과 화학비료와 제초제에 의한 농사를 지었다고 해요. 그렇게 2~3년간 하다가 농사가 잘 안되니 보통 수억 원의 손해를 보고는 농사를 포기하고 하산(下山)을 한다는 겁니다. 고랭지채소는 재배기간이 보통 3개월 정도가 걸리지요. 이 기간 동안, 규모에 따라 다르겠지만, 한 농가에서 2~3억의 자금이 투자되는 게 보통입니다. 이 막대한 돈이 들어간 농사가 실패로 끝나고 보니, 한여름 구슬땀을 흘리며 수고한 할머니들의 인건비는 물론이요, 농약을 포함해 자재판매점 등에서 외상으로 구매한 자재비를 지불하지 못해 문제가 벌어지는 예가 한두 건이 아니라며, 이회장은 안타까워했습니다.

그러면서 이회장은 힘주어 말합니다. "유기농업은 절약형 농업일 뿐만이 아니라 지속가능한 유일한 농업이라는 것을 증명하고 있습니다." "나는 농사 기술의 모든 게 땅심에 있다는 것을 보여주는 산증인이자 경험자입니다."라고 말입니다. 그리고 필자한테 한마디 덧붙입니다.

"항시 만날 때마다 땅은 대접한 만큼 정직하게 보답한다는 석회장의 말씀이 맞아요." 라고요.

◇ 이해극 씨의 고랭지 농장 모습(2016년 11월 22일 방문 당시)

◇ 노지의 호밀 재배

◇ 하우스 안의 호밀 재배

◇ 토양에 호밀 투입 작업

◇ 고랭지 무 밭 견학단

◇ 무 수확

◇ 무 수확

3

농약도 지력이 좋으면 땅속에서 빨리 분해가 된다

미국의 해양생물학자이며 작가인 레이첼 카슨의 저서 『침묵의 봄』은 생태·환경 관련 도서를 말할 때 거의 빠지지 않고 회자되는 명저 중의 명저입니다. "환경 파괴로 인해 새가 울지 않고 꽃이 피지 않는 봄이 올 것이다."라는 경고성 글이 1962년 6월 16일자 〈뉴요커〉에 연재되자 곧 세간의 큰 주목을 받게 되었고, 단행본으로 출간된 후에는 〈뉴욕타임스〉의 베스트셀러 목록 1위에 오랫동안 올라 있었습니다. 이 책의 영향으로 1969년 미국에서는 "국가환경정책법"이 제정되고, 전 세계적으로도 환경윤리의 중요성을 일깨워 1992년에는 리우선언이 나오게 됩니다.

『침묵의 봄』은 DDT 를 비롯한 살충제의 남용과 그것이 생태계에 미치는 영향에 대해 경각심을 불러일으켰습니다. 이후 미국을 비롯한 세계 각지에서 환경보존 단체들이 결성되어 다양한 형태의 환경 문제에 대해 문제제기를 하게 되었고, 이어 정부들도 광범위한 관심을 갖게 되었습니다.

그런데 『침묵의 봄』에서 주되게 다루는 농약인 DDT와 관련하여 놀라운 사실이 있습니다.

2017년 8월 초순 우리나라에서는 계란에서 피프로닐과 비펜트린 성분의 살충제가 검출되었다고 하여 떠들썩했지요. 이런 와중에 어느 친환경 인증 농장인 양계장의 달걀에서도 DDT 성분이 검출되었습니다. 하지만 농장 측 말에 따르면, 자신들은 DDT를 뿌린 적도 없고 제초제도 사용치 않았으며 오로지 방목을 해왔다고 합니다. 그렇다면 이 DDT는 어디서 왔을까요? DDT는 발암물질이면서 맹독성으로 국내에서는 1979년도에 사용이 금지되었고 현재는 생산조차 하지 않으므로 구하려야 구할 수도 없는 농약입니다. 그렇게 무려 38년이라는 긴 시간 동안 사용치 않은 농약이 어떻게 나왔을까요?

지금으로선 방목한 닭들이 땅속에 남아 있는 DDT가 작물을 통해 흡수된 것을 쪼아 먹었다고 볼 수밖에 없습니다. DDT는 한국전쟁 이후 우리나라에 들어온 살충제로, 당시로선 득(得)이 많아 보였습니다. 예를 들면 배추 등 여러 밭작물에 해를 끼치는 벌레들이 DDT만 치면 일거에 사라져 수확량이 늘어났고, 군인들은 내복 양쪽 겨드랑에 DDT를 넣은 조그마한 주머니를 달아 바글거리는 이를 퇴치하기도 했습니다. 또 여성들은 머리카락 속에 사는 이와 서캐(이의 알)로 골치를 앓을 때면 DDT를 뿌려 살충하기도 했지요. 그야말로 만병통치의 살충제로서 인기가 정말로 좋았습니다. 그때는 DDT가 하수구 등의 모기나 도로변 풀숲의 각종 해충 구제에는 도움이 되는 것만 알았지, 그것이 환경호르몬으로서 환경을 파괴하고 인체에 지극히 유해하다는 것은 몰랐습니다.

2009년 3월 17일자 〈파이낸셜뉴스〉에 의하면, 식품의약품 안전청은 관동대 송재석 교수에게 의뢰해 인체 내에 남아 있는 유기염소계 농약의 농도를 측정하였습니다. 그 결과 조사대상자 20% 이상에서 20~30년 전에 사용이 금지된 DDT와 톡사펜이 검출되었습니다. 연구팀은 초등학생을 포함한 320명을 대상으로 조사했는데, 농촌은 인구의 30% 이상에서, 도시주민은 14.2% 이상에서 DDT를 포함한 디디이와 디엘드린도 검출되었다고 합니다.

이렇게 우리의 건강을 위협하고 있는 환경호르몬(내분비계 장애물질)이란 무엇인가요? 환경호르몬은 "생명체의 정상적인 기능에 영향을 주는 체외 화학물질을 말하며, 인체 내의 호르몬균형을 교란시키기도 하고 호르몬의 움직임을 저해하기도 한다."고 정의되고 있습니다.

우리나라에서는 67종의 환경호르몬을 규정하고 있는데, 주로 석유류 제품인 농약(살충제. 제초제)과 각종 산업용 물질(플라스틱, 비닐) 그리고 유기 중금속류 등에서 검출되고 있습니다. 그 환경호르몬 중에서도 가장 독성이 강한 것으로 알려진 것이 다이옥신입니다. 다이옥신 1g이 성인 2만 명을 사망시킬 수 있다고 하니, 그 독성의 정도를 짐작할 수 있겠지요. 독자분들 중에 나이드신 분들은 이런 추억(?)을 가지고 계실지도 모르겠습니다. 어릴 때 시골에서 꿩을 잡기 위해 찔레나무의 빨간 열매나 콩에 구멍을 파서 청산가리를 집어넣고 산이나 밭에 뿌려놓으면 꿩이 주어먹고 그 자리에서 즉사하던 일 말입니다. 그런데 다이옥신은 이런 청산가리보다 1천 배의 독성을 가졌다고 하니, 인류가 개발해온 1천만 종의 화학물질 중에서도 독성으로는 가장 무서운 공포의 물질이라 하겠습니다.

필자가 농민들이나 소비자들을 대상으로 교육을 할 때면 따지다시피 이런 말씀을 하는 분들이 계십니다. 지금까지 농약 친 농산물을 먹고도 칠팔십 세까지 잘 살고 있는데, 왜 농약 사용을 않는 친환경농업을 해야 한다고 그리 극성을 떠느냐는 것입니다.

농약 사용에서 발생하는 가장 큰 문제점은 이렇습니다. 우리나라에 사용되고 있는 화학합성농약의 대부분은 오래전 선진국에서 개발된 것들로, 환경문제로 인해 수입 이전(移轉)된 것이 많습니다. 그것들을 대체할 농약을 개발하려면 적어도 1천억 원 이상의 개발비가 필요한데, 영세한 우리나라 농약회사의 규모로는 감당하기가 어려워 동일한 농약을 계속 사용할 수밖에 없게 됩니다. 그러다 보니 농약에 대한 각종 병균과 해충의 저항성(내성)이 생겨 농약 용기에 적혀 있는 희석배수대로 살포를 해보아야 효과를 볼 수 없게 됩니다. 그래서 2배 이상을 사용하는 것이 당연한 일처럼 되어버렸습니다. 그 결과, 농작물에 잔류되는 독성과 환경호르몬이 늘어나게 되고, 자동적으로 우리 인체에 들어오는 농도도 높아지게 됩니다. 그로 인한 부작용이나 피해는 세월이 갈수록 더 빨리, 더 많이 나타날 것입니다.

서양 속담에 "1파운드(450g)의 치료보다 1온스(1파운드의 1/16인 28.125g)의 예방이 더 중요하다."는 말이 있지요. 우리의 건강을 지키고, 파괴된 환경을 되살릴 수 있는 가장 좋은 방법은 바로 오염되지 않은 땅에서 안전한 먹을거리를 생산하는 데 있다고 생각합니다.

환경호르몬의 빅3로는 다이옥신과 PCB 그리고 DDT를 꼽는데, 일본 미생물농법 책자에는 다음과 같은 내용이 있습니다.

"땅속에서 잔류기간이 긴 유기염소계 DDT, BHC 같은 농약은 지력이 좋은 토양에서는 땅속 미생물이 생산하는 각종 효소의 작용으로 토양 해독과 정화 작용을 하기 때문에 1~3년 만에 분해가 된다. 그러나 토양유기물이 적고 화학비료의 다량 사용으로 산성이나 염류집적이 문제가 될 때에는 지력 저하로 20~30년 이상 잔류가 된다."

이렇듯, 좋은 지력(땅심)은 토양의 오염물질을 해독·정화하는 데도 큰 역할을 하는 것입니다.

2008년 10월 7일자 〈CBS 뉴스〉에 의하면, 2002년부터 2006년까지 OECD국가의 농약 사용량을 조사한 결과 우리나라가 최다 사용국가임이 밝혀졌다고 합니다. 1헥타르당 농약 사용량이 네덜란드는 8kg, 영국 5.8kg, 일본 4.3kg, 미국 2.3kg, 캐나다·노르웨이·핀란드가 각각 0.6kg인 데 비해 우리나라는 무려 12.8kg이라는 것입니다. 그에 비례하여 농약으로 인한 사망자(농약 자살자 포함)가 무려 9.36명이라는 통계 앞에서는 놀라지 않을 수가 없습니다.

이 같은 문제적 상황 인식을 반영하여 최근 들어 정부와 각급 농업기관에서도 농약과 화학비료를 줄이는 정책을 펴고 있습니다만, 그러한 관의 노력만으로는 한계가 있다고 생각합니다. 무엇보다도 흙을 다루고 가꾸는 주체인 농민들이 땅심 살리는 일에 나서는 것이 가장 빠르고도 근본적인 해결책이라고 말하고 싶습니다.

4

땅속에서 토양유기물(부식)의 효과는?

1) 토양유기물은 농사의 수확량과 품질을 결정한다

몇 년 전에 호주의 국립은행은 농사에서 수익성을 결정하는 것이 무엇인지 정밀하게 알아내기 위한 종합적인 연구를 수행하였습니다. 왜 농가 대출이 실패하는지 이유를 알아보려는 것이었지요. 결과는 뜻밖이었습니다. 예상했던 다른 사업적 요인들을 제치고, 농사 성공의 가장 중요한 요인이 토양유기물(부식)에 있다는 것이 밝혀진 것입니다. 그들은 많은 조사비를 들여, 토양유기물 함량이 각각 다른 농장들을 대단위 연구에 참여시켰습니다. 그 결과, 유기물이 0.15% 증가할 때 수익성이 실제로 증가하고 있음이 확인되었습니다.

우리나라에서도 논농사의 경우 볏짚을 걷어내지 않고 3년만 논에 돌려주면 미질이 좋고 수확량이 늘어나는 사례들이 다수 보고되고 있습니다.

2) 토양유기물은 물을 절약한다

지구의 74%가 물로 덮여 있지만 그중 3%만이 민물입니다. 그 민물의 대부분은 빙하 등의 고체 상태로 존재하고, 0.3%만이 액체라고 합니다.

액체 민물의 90%는 관개에 이용됩니다. 그런데 대형 댐은 현재 가장 선호되는 물 저장 전략이긴 하지만, 비효율적입니다. 증발로 많은 손실이 발생하기 때문이지요. 양수기를 이용한 농수 공급을 위해서는 많은 탄소가 소비되고, 스프링클러 관개는 토양에 제공되는 것보다 증발량이 더 많습니다. 관개수로도 효율이 낮기는 마찬가지입니다.

즉, 효율의 면에서 관개시설만으로 충분한 물을 확보하기는 어려운 것입니다. 그래서 우리는 토양 자체에 눈을 돌릴 필요가 있습니다.

토양유기물은 그 자체의 무게만큼 물을 간직하므로, 토양유기물 함량을 높이는 것은 물을 저장하고 전달하는 가장 효율적인 방법이라

◇ 고추밭의 가뭄 피해.(2018. 8. 8.) 왼쪽은 최근 수년 동안 퇴비와 호밀 재배로 토양유기물을 3% 정도로 올린 밭이고, 오른쪽은 2017년에 구입하여 퇴비만 준 곳으로 왼쪽보다 토양유기물 함량이 절반 정도인 고추밭이다.

◇ 2018년 6월의 폭염에도 작물이 시들지 않았다. 주위 밭의 농작물은 심하게 시들었지만 돼지 분뇨를 발효시켜 2년간 충분히 넣은 곳은 전혀 시들지 않았다.

할 수 있습니다. 지하에서는 증발이 없으며, 이동하는 데 드는 에너지도 필요로 하지 않습니다. 식물 뿌리는 부식물을 통해 필요한 만큼 쉽게 물을 흡수합니다.

토양에 유기물이 1% 증가하면 정보(ha)당 물을 170,000리터 더 보유할 수 있습니다. 그것은 1제곱미터당 17리터, 1평당 56.1리터(약3말)에 해당하는 양입니다. 그래서 토양유기물이 많은 과수원이나 밭에서는 관수를 안 하거나 줄여도 가뭄 피해를 겪지 않게 됩니다.

3) 토양유기물은 보비력이 커서 각종 작물에 필요한 영양분을 보관해주며 수확량과 우리의 건강과도 직결된다

토양유기물은 미네랄(양분)을 저장하고 전달합니다. 토양유기물은 양과

음 두 가지 전하를 가지며, 모든 미네랄을 끌어당기고 저장하여 용탈을 방지합니다. 미생물은 토양과 식물을 잇는 다리인데, 토양유기물은 바로 이 유용 미생물의 서식처입니다. 많은 연구들에 의하면, 시간이 갈수록 우리 식품에 영양분이 감소하고 있으며, 이는 토양의 유기물 감소와 직접 연관돼 있다고 합니다. 영양학자들은 현재 우리의 먹을거리는 우리의 조부모가 소비한 먹을거리에서 발견된 영양의 20%만 갖고 있다고 주장합니다. 많은 퇴행성 질병의 근본 원인은 영양과 연관될 수 있지요. 우리는 곧 우리가 먹는 것입니다. 그리고 우리가 먹는 것은 토양에서 옵니다. 특히나 유기질 토양(토양유기물)은 미네랄(양분)을 일반 흙보다 20배나 많이 보관할 수가 있어 수확량과도 직결됩니다.

4) 토양유기물은 우리 먹을거리의 화학물질 오염을 줄인다

화학물질의 안전성 시험은 대개 칵테일 효과 및 생체 축적 효과를 포함하지 않습니다. 즉, 그 시험은 우리 먹을거리에 대한 농약의 최소 잔류 한계를 결정하긴 하지만, 몸이 이들 오염물질을 어떻게 관리하는지는 고려하고 있지 않습니다.

우리 몸의 해독 체계는 대체로 인공 화합물을 처리하지 않고 지방세포에 저장합니다. 그런 까닭에 인공화합물질이 축적되어 건강 문제를 야기할 수 있습니다.

농약에 대한 의존을 줄이려면, 먼저 식물에 대한 병해충 발생의 근본 원인을 아는 것이 중요합니다. 곰팡이 병은 살균제가 부족해서 생기는 것이 아닙니다. 병은 주요 미네랄의 결핍이나, 미생물에 의해 생산되는 생화학물질의 결핍에 의한 식물 면역의 손상에 대한 반응입니다.

말하자면 "당신이 나를 돌봐주면 나도 당신을 돌볼 것이다."라는 것이지요. 토양과 식물의 상호관계를 보면, 식물은 토양미생물에게 당(糖)을 제공하고 그에 상응하여 면역력을 높이는 미네랄과 생화학물질을 얻습니다. 뿌리를 둘러싸고 있는 많은 유용 미생물은 병균을 잡아먹거나 길항작용을 합니다. 토양유기물은 미네랄과 미생물의 집으로서, 병충해 저항성 증진과 농약 수요 감소의 열쇠입니다.

즉, 토양유기물이 많을수록 우리 식품의 화학물질 오염이 줄고 우리 건강은 더욱 증진되는 것입니다

5) 토양유기물은 토양 오염을 청소하고 질산염 용탈을 막는다

질산염은 증명된 발암물질로, 많은 지하수가 질소비료의 부산물로 심각하게 오염되었습니다. 토양유기물은 토양에서 질산태 질소의 유일한 저장 시스템입니다. 토양유기물이 감소하면 질산염 용탈이 증가하며, 수로의 오염은 불가피해집니다. 토양유기물은 중금속과 농약을 격리하여, 우리 먹이사슬에 들어오지 못하게 하는 탄소필터로서도 작용합니다.

10여 년 전, 팔당댐의 수질오염이 퇴비로 인한 것이라는 사안을 두

고, 환경 관련 학자들과 농민들 사이에 논쟁이 크게 벌어진 적이 있습니다. 그러나 이는 완숙퇴비의 효능을 잘 몰라서 일어난 일입니다.

잘 발효된 새까만 퇴비덩어리는 악취가 전혀 없을뿐더러, 오히려 악취를 흡수하는 뛰어난 성질을 갖고 있습니다. 이 안에는 미생물이 1g 중 수억 마리가 있고, 방선균은 수천만 마리, 사상균은 100만 마리 이상이 들어 있습니다. 이에 대한 실증으로, 퇴비를 만든 다음 한꺼번에 다 쓰지 않고 1~2톤 정도의 종자퇴비를 보관하다 새로 퇴비를 만들 때 퇴비더미 위에 3~5cm 정도 덮으면 냄새도 안 나고 발효가 잘 되는 것을 볼 수가 있습니다.

그러나 미숙퇴비를 쓰면 냄새도 나고 피해를 볼 수가 있습니다.

6) 토양유기물은 토양구조를 향상시킨다

토양유기물에 사는 박테리아는 토양 입자들을 함께 묶어 작은 입단을 형성하는 끈적끈적한 알칼리 물질을 지속적으로 방출합니다. 그때 곰팡이는 작은 입단들을 묶어서 가장 바람직한 토양구조인 큰 입단을 만듭니다. 이런 토양에서는 식물 뿌리가 쉽게 뻗을뿐더러, 지렁이와 유용 선충이 방해받지 않고 이동할 수 있어 그 수가 증가하게 됩니다. 또한 산소가 토양 안에서 자유롭게 이동하여 식물 뿌리와 뿌리를 둘러싸고 있는 미소생물의 요구를 충족시킵니다.

뿌리와 미생물이 호흡할 때 방출되는 탄산가스(CO2,이산화탄소)는 쉽게 위로 이동할 수 있고, 기공이라고 부르는 식물 잎 아래쪽에 있는 작은 숨구멍을 통해 식물체에 들어갑니다. 이렇게 토양 생물의 호흡으로 탄산가스가 증가하면 작물의 광합성이 증가하고, 광합성이 증가하면 농산물의 생산량과 작물의 회복력이 증가하게 됩니다.

7) 토양유기물은 지온을 상승시킨다

측정일자	측정시간	퇴비 시용구 (℃)	퇴비 무시용구 (℃)	지온의 차 (℃)
2월 9일 (맑음)	오후 2시	10.2	9.0	1.2
	오후 6시	10.2	7.8	2.4
	오수 10시	8.8	6.5	2.3
2월 10일 (맑음, 구름)	오전 6시	7.0	5.5	1.5
	오전 10시	7.8	6.2	1.6
	오후 2시	9.2	7.5	1.7
	오후 6시	10.2	6.5	3.7
	오후 10시	6.5	5.0	1.5
2월 11일 (눈, 구름)	오전 6시	3.5	2.5	1.0
	오전 10시	4.5	3.5	1.0
	오후 2시	8.4	5.5	2.9
	오후 6시	6.5	5.2	1.3
	오후 10시	5.5	4.4	1.1

◇ **표 2-2** 톱밥퇴비 처리에 의한 지온 상승 효과(단보당 10톤을 경토 25㎝에 넣은 후 땅속 15㎝ 속의 온도 측정)

위의 표는 10a당(300평) 발효시킨 톱밥퇴비 10톤을 경토 25cm에 넣고 땅속 15cm의 온도 측정을 한 결과인데, 토양유기물은 갈색 또는 암색으로서 태양흡수율을 높이고, 또 땅속에서 토양유기물 1g이 분해할 때 발생되는 3~4kcal의 열량도 역시 지온을 높여줍니다. 최저 1°C에서 최고 3.7°C의 지온 상승은 농작물 생산성 제고에 엄청난 효과를 발휘하게 됩니다. 즉, 농작물 재배기간의 적산(積算)온도가 빨리 충족됨으로써 남들보다 빠른 출하로 수익성을 크게 높일 수 있는 것이지요.

겨울철 동해(凍害)로 인한 피해 사례 두 가지를 살펴보겠습니다.

첫 번째는 약 30여 년 전 얘기입니다만, 국내에서 가장 먼저 친환경농산물을 판매하던 부산 YWCA 매장에서, 경북 청송에 사시는 배용진 씨라는 분을 만난 적이 있습니다. 당시에는 친환경농산물 인증제도가 아직 시행되기 전이라, 임의로 무공해 농산물이라고 이름을 붙여 유통하던 시절이었지요. 배 씨는 사과를 비롯해 각종 농산물을 이 매장에 공급해오고 있었는데, 이런 얘기를 들려주었습니다.

"지난 봄, 우리가 사는 곳에 극심한 동해(凍害) 피해가 발생해 난리가 났었지요. 그런데 이상하게도, 그 피해가 지역별로 생긴 게 아니었어요. 즉, 동쪽은 피해가 없는데 서쪽은 있다든지, 또 북쪽은 있는데 남쪽은 없다든지 하는, 그러니까 여름철 소나기가 내릴 때 소등의 반쪽만 젖는 것과 같이, 찬 기류(氣流)의 흐름에 따라 피해를 입은 것이 아니었습니다. 살펴보니, 거의 다 피해를 입었는데, 간헐적으로 군데군데는 피해를 안 입었더란 말입니다."

그래서 관계 기관 합동으로 피해 조사를 해보았답니다. 그랬더니, 우선 소유자별 피해 조사에서 원인이 발견되었다고 해요. 그 당시에는 과수원을 임대해서 1~2년 동안 화학비료만 사용해서 수탈농사를 지은 다음 다른 곳으로 옮기는 철새농사가 유행할 때였는데, 이런 곳은 땅심이 좋지 않아 동해 피해를 많이 보았고, 자가농(自家農)이거나 장기임대의 경우 퇴비를 주면서 땅심을 유지한 곳은 피해를 안 보았다는 것입니다.

두 번째는 하동 녹차에 관한 것입니다. 2011년 당시 보도자료(서울문화투데이, 2011.3.8.)를 보면 하동 지역 녹차 재배면적의 66%가 넘는 941ha(1,748농가)가 가뭄과 한파로 인한 청고현상 때문에 막대한 피해를 입은 바가 있고, 2018년도 보도자료(뉴스메이커, 2018.3.10.)에도 1~2월 영하 10도 이하의 한파와 가뭄 등의 여파로 군내 총재배면적의 41.7%가 피해를 입었다고 합니다. 뿌리의 흡수 능력이 떨어지면서 잎과 가지가 말라죽는 청고(靑枯)현상과 잎이 붉게 말라죽는 적고(赤枯)와 가지가 말라죽는 지고(枝枯)현상이 나타나, 곡우 이전에 수확하는 우전과 세작의 생산에 차질을 빚어 약84여억 원의 피해를 보았다는 것입니다.

그러면 이런 피해를 줄일 수 있는 방법이 없을까요?

실제로 지금 녹차 밭에 사용되고 있는 비료는 주로 화학비료나 유박 종류가 대부분이라고 알고 있습니다. 그러나 이런 비료로는 땅심을 높일 수가 없습니다. 앞에서도 적었듯이, 토양유기물이 많으면 태양열 흡수율이 높아 지온 상승으로 뿌리 발육이 좋아지고, 땅속에서도 토양유기물의 분해 때 나오는 열로 인해 동해를 줄일 수가 있습니다. 또한 토양유기물은 보비력이 일반 흙의 20배, 보수력은 6~10배로 땅속에 적정량의 토양유기물이 확보되어 있다면 가뭄 걱정도 훨씬 덜어낼 수 있습니다.

그래서 이런 피해를 예방하고 줄일 수 있는 유일한 방법은 땅심을 살리는 것이라고 말하는 것입니다.

5

땅과 퇴비(토양유기물)와 미생물의 관계는?

흙만으로는 농작물을 재배하는 데 영양분이 부족합니다. 그래서 퇴비도 주고 화학비료도 주는 것이지요. 잘 알다시피 작물이 필요로 하는 필수 3대 영양소는 질소, 인산, 가리(칼리)입니다.

질소질 화학비료인 요소 20kg 1포대에는 질소질 성분 함량이 46%이므로 20kg×0.46=9.2kg의 질소가 들어 있습니다. 이렇게 계산해보면 요소 1포대는 쇠똥퇴비 3톤 정도의 질소 성분과 비슷합니다. 그러나 퇴비에 있는 2% 미만의 질소는 퇴비 속의 탄소를 분해시키기 위해 자체 소비하기 때문에 작물에 이용하는 것이 거의 불가능합니다. 그러면 화학비료만 주고 농사를 지으면 되지 왜 퇴비를 주는 걸까요? 그에 대한 답은 앞에서 설명한 토양유기물(부식)의 공급원이 바로 퇴비이기 때문입니다.

좀 오래되긴 했지만 일본 농업잡지에 실린 내용을 그대로 인용해보겠습니다.

"전후(戰後, 2차 대전 후) 얼마 동안은 퇴비가 없어도 어느 정도의 화학비료만 있으면 작물의 대부분을 상당량 수확할 수가 있었다. 그 시기에는, 퇴비를 화학적으로 분석하여 퇴비 1톤에 질소와 인산과 기타 양분이 얼마나 있는가를 따지면서, 돈으로 화학비료를 사면 간단한데 소량의 양분을 얻기 위해 막대한 인력과 시간과 돈을 들여가며 퇴비를 만들 가치가 있을까 하고 생각했다. 심하게는 퇴비무용론(無用論)까지 나왔고, 지도기관에서마저도 퇴비를 우습게 보았다. 그러나 그와 같이 퇴비를 주지 않아도 작물을 그런대로 수확할 수 있었던 것은, 전쟁 전에 농가마다 퇴구비를 상당량 논과 밭에 넣어준 탓에 그중 몇 %가 아직 난분해성인 토양유기물의 내구 부식으로 남아 수년 동안 서서히 퇴비 효과를 지속하였기 때문이다. 이는 종래에 저금해둔 것을 조금씩 찾아 먹은 결과였다. 그러다가 남은 것이 없어서 농사가 안 될 때 거기에 퇴비를 넣어보면 과연 퇴비 없이는 작물이 되지 않는다는 것을 스스로 알게 될 것이다."

그런데 이 퇴비에도 품질의 차이가 천차만별입니다. 잘 발효시킨 퇴비 속에는 토양에서 병을 일으키는 나쁜 미생물의 천적미생물이 많이 발생되어 그것을 토양에 뿌려주면 점점 그 땅이 좋아지나, 미숙퇴비나 생퇴비나 썩은 퇴비를 주면 그 퇴비 안에 병원균이 많아 오히려 토양을 악화시키는 결과를 초래할 수도 있습니다.

잘 발효시킨 퇴비를 보면 싸라기눈 같은 것이 눈에 띄지요. 이것이 바로 유익한 방선균과 곰팡이입니다. 스트렙토마이신, 테라마이신,

네오마이신, 오레오마이신 등과 곰팡이 종류인 페니실린 등의 천연 항생물질이 생겨, 토양 속에서 나쁜 병균을 잡아먹거나 억제하는 역할을 하게 됩니다. 이것들 덕분에 건강한 토양이 만들어져 농약을 사용하지 않거나 줄여도 되고, 그 결과 이곳에서 자란 농작물은 병 없이 튼튼할 뿐더러 맛과 영양이 풍부해지는 것입니다. 이런 농산물을 먹으면 천연 항생물질을 먹는 것과 같아 사람이 건강해지는 것은 당연하겠지요. 이게 바로 퇴비농법, 순환농법, 유기농법의 원리이며, 유기농산물을 먹으면 좋다고 말하는 이유입니다.

유효 미생물의 밀도가 높아져 활동이 급속해지면, 유기물을 이용한 아미노산, 유기산 등이 생성되어 항균물질이 증가하고, 세포 활력을 높여 발근을 촉진하는 옥신이라는 호르몬이 만들어집니다. 또한 세포 분열을 촉진하는 사이토키닌과 생장을 촉진하는 지베레린 등의 호르몬을 생성하여 식물 생장을 촉진시킵니다.

좋은 퇴비란 오염되지 않는 질 좋은 원료로 잘 발효시킨 것을 말합니다.

최근 선진국에서는 퇴비의 품질을 평가할 때 유익 미생물인 방선균류와 트리코델마류(곰팡이), 바실러스 셔브틸러스류(세균)가 얼마나 많이 들어 있는가를 추가 기준으로 삼는다고 합니다. 우리나라에서도 2017년 경상대 정영륜 교수가 시중에서 유통되고 있는 9개 회사 9점의 퇴비 제품을 분석해보았습니다. 그 결과 퇴비 1g당 방선균 숫자가 최저 1천마리 미만이 2점, 10만 마리 미만이 2점, 3백만 마리 미만이 1점, 1

천5백만 마리 이상이 4점으로 상당히 차이가 많은 것으로 나타났습니다. 필자는 일본에 퇴비 수출을 할 때 4천만 마리 이상도 만들어본 적이 있습니다. 이렇게 차이가 많이 나는 것은 발효방법과 발효기술 때문입니다.

그런데 여기에서 주의할 점은, 퇴비의 발효 초기에는 각종 세균이나 곰팡이를 포함한 유익균과 유해균들이 동시에 다량 발생되므로 이때 미생물 숫자가 수억 마리를 넘는다고 해서 좋아할 것이 아니라는 점입니다. 이러한 미숙퇴비는 오히려 병충해를 일으킬 수 있어, 농사에 별 도움이 되지 않습니다.

	구분	총 방선균 수	비고
흙	K농가 하우스	133만	토마토 잘됨
	BJ농가 하우스	4천	토마토 병해 심함
	S농가 하우스	25만	상추 선충 피해 심함
	I농가 노지(A)	74만	고추 바이러스
	I농가 노지(B)	80만	고추 바이러스
	H농가 노지	68만	고추 바이러스
	BB농가 노지	1만3천	고추 탄저 바이러스
퇴비	J농가 제조퇴비	1831만	세균 6억
	B사 퇴비	4125만	세균 3.6억
	K사 퇴비(게껍질 첨가)	1600만	
	AA사 퇴비	230만	
	H사 퇴비	2100만	
	S사 퇴비	1천 미만	
	J사 퇴비	4만	
	C사 퇴비	2만	
	BBJ사 퇴비	1천 미만	

◇ **표 2-3** 토양 및 퇴비의 총 방선균 밀도(유기 사과밭 120만)
(경상대학교 분자 미생물생태학 연구실 분석)

◇ 톱밥퇴비의 방선균

위 표에서 보듯이 각 회사 퇴비의 방선균 숫자는 천차만별입니다.

정상적인 건물중(乾物重) 흙 1g당의 방선균수는 100만~1,000만 대 정도인데, 정상적인 흙보다 못한 퇴비가 9점 중 4점이나 나왔습니다. 이런 미숙퇴비는 아무리 많이 넣어도 비록 토양유기물은 늘어날지 모르지만 유해한 균들로 병 발생률이 더 높아져 농사에 피해를 줍니다. 그래서 얼마 전까지는 토양유기물만 많으면 땅심(지력)이 좋다고 했지만 지금은 그렇게 말하지 않습니다. 좋은 땅이란 토양유기물에 유익한 미생물이 많은 땅을 말하며, 이런 좋은 땅의 땅심을 살리려면 질 좋은 퇴비 사용이 가장 빠른 지름길입니다.

6

농사에 성공한 분들은 왜 질 좋은 퇴비를 선호할까?

질 좋은 퇴비란 어떤 퇴비를 말할까요? 그것은 다음과 같이 요약할 수 있습니다. ① 오염되지 않은 원료를 사용해 발효 과정에서 유익한 미생물의 증식이 잘 되어 있고 유기물 함량이 높은 것. ② 흙속에 뿌렸을 때 작물의 뿌리가 퇴비를 감을 수 있는 것. ③ 가볍고 부피가 큰 것. ④ 흙속에서 미생물에 의한 분해가 오래 지속되고 통기성, 보수성, 보비력, 배수성 등의 기능을 장기간 발휘할 수 있는 것. ⑤ 악취가 없고 취급과 사용이 용이한 것.

한곳에서 작물을 계속 재배하는 연작지의 경우, 작물 뿌리 주위에 기생하면서 병을 일으키는 병원성(病原性) 근권미생물(根圈微生物)들, 이른바 병균들이 많이 나타나 병을 일으키게 됩니다. 이 병균들에 대해 대표적으로 천적 역할을 하는 미생물이 방선균과 트리코델마(곰팡이)입니다. 호기성 발효 퇴비는 초기 산화 발효 때 2만여 종의 각종 미생물이 발생하는데, 발효 과정에서 혐기성 균들은 사멸되고 최종적으로 안정된 2천여 종의 호기성 미생물들이 공생·잔존합니다. 이런 잘 발효된 퇴비를 농토에 투입하면 유익한 균들이 퇴비를 자체 먹이로 하여 활동하면서, 작물에 피해를 주는 기생성 미생물, 즉 병원성 미생물들을 잡아먹는 천적이 됩니다.

요즘 시중에는 친환경자재인 미생물들이 많이 유통되고 있지요. 이 제품들은 주로 배양실에서 배양된 것이고, 퇴비처럼 수개월간 노출된 바깥에서 만들어진 것은 아닙니다. 그래서 필자는, 퇴비 속 미생물은 종류도 다양할 뿐 아니라 어떠한 환경에서도 잘 버틸 수 있는 야전군(野戰軍)들이며, 시중 미생물 제품들은 단일종 또는 두서너 종류의 미생물로서 퇴비 속 미생물보다는 못하다고 말하곤 합니다. 이런 퇴비 속 좋은 미생물을 활용코자 하는 것이 퇴비차(compost tea)인데, 퇴비차에 대해서는 뒤의 "땅심 살리는 방법"에서 다시 설명하도록 하겠습니다.

땅심(유기물 함량)을 높이기 위해서는 볏짚을 넣으면 좋다는 말들을 자주 합니다. 실제로 염류집적 피해를 줄이기 위해 볏짚을 넣는 곳이 많습니다. 그런데 전국을 다니다 보면 토마토, 오이, 상추 등 과채류·엽채류·근채류 할 것 없이 모든 시설하우스 재배에서 시들음병이 발생하는 것을 보게 됩니다. 무엇 때문일까요?

가장 큰 원인은 볏짚과 미숙퇴비의 사용에 있습니다. 이는 미생물과 직결되는 문제입니다. 미생물의 먹이는 유기물인데, 볏짚이나 미숙퇴비 등 유기물이 많은 재료가 땅속에 들어가면 그야말로 미생물들에게 큰 밥상을 차려주는 꼴이 됩니다. 그 결과 미생물이 순식간에 대량 발생하게 되어, 작물이 필요로 하는 산소를 빼앗아먹어 일시적으로 산소 결핍 현상을 초래하게 됩니다.

그리고 이때 달라붙는 미생물들은 유익한 미생물이 아니고 대부분 푸사리움(곰팡이)균입니다. 이것들이 달라붙어 시들음병이나 잘록병(입고병) 피해를 입히게 되는 것입니다.

하지만 잘 발효된 완숙퇴비를 주면 푸사리움 병균을 잡아먹는 트리코델마균(중복기생균)이 정착하여 피해가 없습니다. 전국의 여러 농가에서 볏짚이나 미숙퇴비의 사용으로 인해 시들음병과 잘록병이 발생되었다며 도움을 요청해 오는 경우가 많은데, 필자는 트리코델마(천적곰팡이)라는 미생물을 사용해보라고 권하곤 합니다. 그래서 확실히 효과를 보았다는 답을 듣게 되는데, 이를 보아도 완숙퇴비가 어떤 역할을 하는지 확인할 수 있습니다. 특히나 시들음병 같은 경우는 땅속에서 발병하므로 일반 농약으로는 잡기 어렵고 친환경농업일 경우는 더욱 그러합니다. 만일 완숙퇴비가 없고 부득이 미숙퇴비나 볏짚 같은 것을 사용해야 한다면, 천적미생물로서 사전에 예방해줄 필요가 있습니다.

그런데 볏짚 같은 생유기물을 사용하더라도 전혀 문제가 없는 경우가 있습니다. 이런 땅은 이미 물리적, 화학적, 생물학적으로 땅심이 좋은 곳입니다. 땅속에 유익한 미생물들이 많이 자리잡고 있어 병을 일으키는 미생물들의 발생을 억제할 수 있는 환경 조성이 되어 있기 때문입니다.

똑같은 미생물 처리를 했는데도 어느 농가는 병 방제가 잘되었다고 하고, 어떤 농가는 효과가 없다고 하는 경우가 있습니다. 물론, 병이 50% 이상 번졌을 때는 화학농약을 사용해도 방제가 안 되듯이 살포 시기가 대단히 중요한 것은 사실이지만, 실은 전자는 땅심이 어느 정도 갖추어진 곳이고 후자는 미생물이 살 수 있는 조건이 안 되는 곳이어서 그럴 수도 있습니다.

아래 사진은 10여 년 전 일본에 퇴비를 수출할 당시 야마구치현(山口縣)에서 찍은 것입니다. 비닐하우스 150평에 수입한(즉, 우리가 수출한) 완숙퇴비 450kg과 생왕겨 1톤을 함께 넣었을 때는 농사가 잘되었는데, 미숙퇴비 450kg과 생왕겨 1톤을 사용했을 때는 농사가 실패했다고 합니다. 완숙퇴비는 그 안에 좋은 천적미생물들이 많이 살아 있어 생왕겨에 달라붙은 나쁜 병균들을 잡아먹거나 억제해 병균들의 증식을 막을 수 있지만, 미숙퇴비와 생왕겨를 함께 사용했을 때는 양쪽 다 병균들이 좋아하는 먹이 환경이라 정반대의 결과를 보였던 것입니다.

◇ 토모나카 딸기 농장

7

친환경재배(유기재배)는 일반재배보다 수확량이 적다?

일반적으로, 화학비료 위주의 일반재배가 친환경재배보다 수확량이 많다고들 합니다.

과연 그럴까요? 필자는 이 말에 결코 동의할 수가 없습니다. 왜냐하면 친환경재배를 하면서도 땅심을 살려 농사를 잘 지은 분들의 경우 수확량이 적지 않은 것을 실제로 보았기 때문입니다.

충북 음성에서 40년 이상 한곳에서 농사를 짓고 있는 성기남 씨

◇ 성기남 씨 고추농장

의 비닐하우스 고추밭입니다. 성 씨는 현재 고추 유기재배인증을 받아 생산하고 있는데, 하우스 재배로 건고추를 평당(3.3㎡) 5근(3kg) 이상 생산하고 있습니다.

이 농가의 특징은 연작장해를 해결하기 위해 매년 철저하게 윤작을 하고 있으며, 재배 후 그대로 고추대나 퇴비를 사용해 땅심을 높이는 일에 소홀함이 없다는 것입니다.

이에 비교할 때, 같은 면(面) 지역에서 관행재배로 농사를 잘 짓는다는 하우스재배의 경우 수확량이 보통 3~4근(2.4kg) 정도밖에 안 되며, 노지재배는 1.5~3근 정도 생산하고 있다고 합니다.

농약과 화학비료를 원하는 만큼 살포하는 상황에서도 수확량이 낮다는 것은 결국 땅심과 연관성이 있다고 여겨집니다.

◇ 김용섭 씨 고추농장

상주에서 농사짓고 있는 김용섭 씨의 농장입니다. 김 씨는 인증은 받지 않았어도 친환경재배에 준해서 고추농사를 하고 있으며, 하우스에서 평당 5(3kg)~6근(3.6kg) 이상을 생산한다고 합니다. 김용섭 씨는 이렇게 다수확을 하게 된 원인이 땅에 있다고 말합니다.

이 농가 역시 해마다 땅심을 높이기 위해 잘 발효된 퇴비를 넣고 있습니다. 좋은 땅심이라고 말할 수 있는 4% 정도의 토양유기물을 유지하고 있으며, 잘 발효된 퇴비를 재료로 퇴비차를 직접 만들어 투여함으로써 연작피해 없이 매년 농사에 성공을 하고 있다고 합니다.

◇ 생산의 한계돌파. 화학비료를 중심으로 시비할 경우 미니 토마토가 보통 30개 정도 열리나, 땅심이 좋은 곳에서는 100~150개의 열매가 달릴 수 있다.

아니, 미니토마토가 어떻게 이리도 많이 달릴 수 있을까요? 사진을 보는 순간 놀라지 않을 수 없습니다.

비밀은 토양유기물이 풍부하고 방선균이나 트리코델마 같은 다양한 유익 미생물들이 자리잡고 있어 병충해 발생이 억제되고, 각종 양분을 생산하는 발효미생물이 많아 작물이 건전하게 잘 자라는 환경이 조성되어 있기 때문입니다. 이처럼 통상의 생산 수준을 초월한 때를 가리켜 한계돌파라고 합니다.

화학비료 중심의 재배에서는, 보통 잎의 활동 능력에 의한 광합성으로는 열매가 한 가지에 30개밖에 달리지 못하는 것이 정상적인 기준입니다. 그런데 어떻게 그 3~5배인 100개~150개가 달리는지 의문이 아닐 수 없습니다.

여러 가지로 분석한 결과, 좋은 미생물을 계속 사용해가다 보면 토양 속에 아미노산과 유기산(젖산, 구연산, 초산, 능금산), 비타민C와 E 외에 옥신과 지벨레린, 사이토키닌 등의 생리활성물질이 많이 생성된다는 것이 밝혀졌습니다. 그 덕분에 광합성 작용이 현저히 촉진되거나, 뿌리로부터 이들 물질을 흡수한 결과 한계돌파가 이뤄지게 된 것입니다.

이와 같은 생리활성물질인 호르몬은 여러 다양한 토양미생물에 의해서 만들어진다는 것이 증명되고 있습니다.

중앙아메리카 및 카리브해 지역 등 열대와 아열대지역에서 재배되고 있는 "아세로라"라는, 체리 비슷한 작물의 토양에 유용 세균을 계속 살포해주니 2,400mg의 비타민 C가 2,400mg~5,000mg으로 증가함을 확인할 수 있었습니다. (딸기도 비타민C가 높은 작물이긴 하지만 100mg에 불과한 것에 비하면, 아세로라의 비타민C 함량이 아주 높은 것을 알 수 있습니다.) 이렇게 2,400mg이 5,000mg으로 높아졌다고 하는 것은, 작물 자체에서는 결코 생성될 수 없는 양임을 감안할 때, 결국 토양에서 생성된 비타민을 흡수한 결과로밖에 보지 않을 수 없습니다. 실제로 그 흙을 채취해서 비타민C와 E를 분석한 결과, 이 흙을 그냥 먹어도 좋지 않을까 할 정도로 다양한 비타민과 효소가 검출되었다고 합니다.

알아봅시다

발효미생물이란?

유산균이나 효모 등을 재료로 하는 발효미생물이 우점(優占)하고 있는 토양에 생유기물을 투입하면 향긋한 발효 냄새가 나는 누룩곰팡이가 다량으로 발생합니다. 푸사리움의 점유율도 5% 이하로 낮고 배수성이 좋은 떼알구조의 흙이 됩니다. 토양이 부슬부슬하고 작물이 무기 양분을 잘 흡수할 수 있는 상태입니다. 토양에 아미노산, 당류, 비타민, 기타 생리활성물질이 많아 작물의 생육을 촉진합니다. 발효미생물은 산소가 없어도 생장이 가능한 다종다양한 종류로, 그 생성물이 유해균의 번식을 돕는 것이 아니라면 굳이 세균이나 효모균뿐만이 아니라 곰팡이 등이라도 좋습니다.

발병 억제형 토양이란?

토양 중에는 작물이 건강하게 자라고 병 발생도 적은 곳이 있습니다. 이런 토양은 다양한 좋은 미생물이 우점하고 있어, 수분 함량이 안정되어 있으면 다소 적은 양의 유기물을 시용해도 토양이 비옥해집니다. 방선균이나 트리코델마. 페니실륨 등이 우점하고 있으므로 병원균인 푸사리움의 점유율도 낮아지고 병 발생이 억제됩니다. 이런 현상을 토양의 정균(靜菌) 작용이라고 합니다

◇ 수도작 유기재배. 왼쪽은 일반재배 논이고 오른쪽이 유기재배 논이다.

경북 상주에서 친환경농업 인증 초기부터 수도작 유기재배를 해오고 있는 김태건 농가의 경우는 땅심 관리를 잘하는 사례입니다. 오래전부터 땅심을 살려 농사를 잘 지어왔는데, 4대강유역 종합개발사업 때 정비를 한다고 그동안 애써 가꾸어둔 옥토가 유기물이 전혀 없는 박토로 바뀌는 고통을 겪기도 했습니다.

그 당시에 필자가 땅심 관리를 메모해둔 내용을 보면 대략 다음과 같습니다.

7년간 녹비작물인 호밀만을 심고 그 뒤 3년간은 호밀과 헤어리베치 혼파를 하는 한편, 매년 볏짚은 나오는 그대로 투입을 한 상태로 10년이 지난 결과, 토양유기물이 1.5% 정도 상승을 했습니다. 원래 땅에 있던 것에다 상승분을 더하니 4.2%의 토양유기물이 되었습니다. 여기에 유박 7포대(질소 4.5%)를 사용해서 10a당(단보) 쌀 630kg을 수확했습니다.

14 문화

태국 유기재배쌀 생산량 관행보다 2배

동남아시아의 유기농업 현황④

■ 대안 농업 네트워크 이산

대안 농업 네트워크(Alternative Agriculture Network/이하, AAN) 이산(Esan: 태국말로 동북태국이라는 의미)의 전신은 1990년대로 거슬러 올라간다. 이 단체에서 오랫동안 농민운동을 전개해 온 카요타(Bamrung Kayotha)씨는 동북태국에서 30년 전에 농업을 시작했다.

■ 복합농업

태국의 유기농업을 이끌고 있는 카요타씨와 직원들

◇ "태국 유기재배쌀 생산량 관행보다 2배". 〈흙살림신문〉 2015년 9월호.

우리나라 관행농업의 경우 10a당(토양유기물 함량 2.2% 기준) 쌀 생산기준량은 500kg이며, 질소는 성분량 7~11kg으로 요소 1포대 정도가 필요합니다.

김태건 씨의 유기농업으로 생산된 쌀은 630kg으로 일반관행농업으로 생산된 쌀 500kg 정도보다 양에서도 130kg이 많을 뿐 아니라, 더구나 판매단가가 훨씬 높으니 총 판매가격을 계산하면 두 배의 차이가 있습니다.

실제로, 전국에서 유기농업을 하는 농가 중 땅심을 살려 600kg 이상을 수확하는 곳은 많습니다

이는 우리나라의 경우만은 아니어서, 다음의 신문 보도처럼 태국에서도 유기재배 쌀이 관행농업보다 생산량이 2배라는 보도가 있습니다.

8

농약 · 화학비료 · 제초제만 안 친다고 친환경농업과 자연농업이 될까?

전국을 다니면서 교육을 하다 보면, 친환경농업을 하고는 싶은데 어떻게 해야 하는 줄 몰라, 그저 토양분석의 결과 부족하다고 판명된 영양분만 보충해주면 되는 것으로 생각하는 분들이 많았습니다. 그래서 시중에서 판매하는 유박과 영양제, 유기농자재(미생물제 포함) 등을 사용해보았지만 몇 년 안 가서 수량도 떨어지고, 병충해 때문에 포기를 해야 했다고 불평을 터뜨리는 있었습니다. 그런 분들을 위해 이참에 간단히 설명해보고자 합니다.

다음 그림과 같이 친환경농업은 관행농업에서 출발해 몇 가지 단계를 거치게 됩니다. 땅심을 살리기까지 시비법을 달리하여 몇 년간의 기간이 필요하며, 또 기술에 따라 무농약재배, 유기재배 등 단계별 진화를 거치게 됩니다. 우리나라는 2001년 7월 친환경농업육성법에 의해 인증(이전은 표시제도)이 시행되었는데, 외국에는 유기재배 인증만 하고

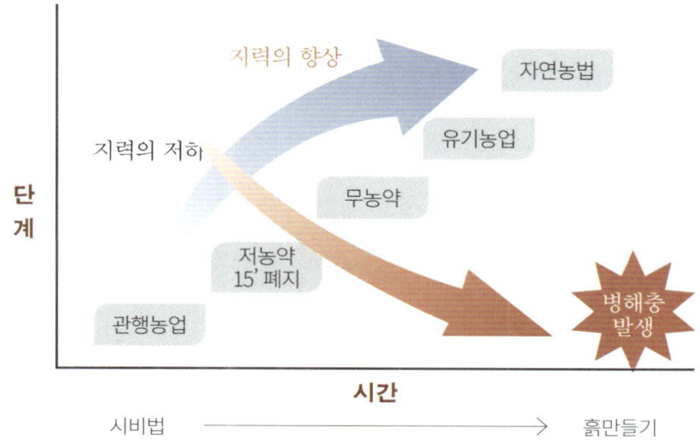

◇ 친환경농업의 발전단계

있습니다.

유기재배의 기본은 땅심이 살아야 한다는 것입니다.

작물이 필요로 하는 양분량은 유기재배나 관행재배나 모두 똑같습니다. 반드시 필요량만큼 양분을 먹어야만 제대로 된 작물을 수확할 수 있다는 것이지요.

그런데 이런 가장 기본적인 원리를 무시하는 분들이 계십니다. 즉, 유기재배라고 하니까 농약과 화학비료와 제초제를 비롯해 아무것도 주지 않는 것으로 오해하더라는 것입니다. 하지만 그렇게 되면 수확량도 적고 맛도 없을 뿐만 아니라 병충해도 심해져 유기재배를 할 수가 없습니다.

건강이 좋지 않아 귀촌을 하신 분이 있었는데요, 그는 배추농사를 했는데, 농약과 비료를 안 주는 것이 유기재배인줄 알고 그렇게 했더니만 제대로 농사가 안 되고 배추는 크지도 않고 질겨서 못 먹겠더라는 것입니다. 작물은 땅에 있는 양분을 먹고 자라는 만큼 생장에 필요한 여러 가지 성분이 부족해서 그리되었을 테지요. 그중에서도 가장 중요한 질소 성분의 부족이 심할 때 엽맥(골격)은 형성되지만 엽록소를 비롯해 정상적인 생육이 안 되므로 질기고, 작고, 맛없는 배추가 되는 것입니다.

관행농업에서 친환경농업의 무농약→유기재배 등 단계별로 올라가려면 반드시 땅심(지력)의 향상이 뒤따라야 합니다. 땅심이 떨어지면 병해충 발생이 심해져 유기재배를 아예 꿈도 꿀 수 없게 됩니다. 따라서 유기재배를 위해서는 어느 정도의 땅심 살리는 기간이 필요한데, 이 땅심 살리는 구체적인 방법에 대해서는 뒤의 6강에서부터 다루기로 하겠습니다.

그리고 말이 나온 김에 자연농법에 대해 한마디 하겠습니다. 일본 견학을 갔다 온 분들 중에 이런 말을 하는 분들이 있습니다.

"퇴비와 화학비료를 안 주고 초생재배만으로 수십 년간 자연농법을 잘하고 있더라."

하지만 그것은 자연농법과 땅심의 기본을 전혀 모르고 하는 얘기입니다.

자연농법은 땅심이 어느 정도 갖추어진 곳에서라야 가능합니다. 초기에 몇 년간 퇴비를 충분히 넣는다든가 녹비작물을 상당 기간 오래 심은 후에, 즉 사람으로 비유하자면 기초 체력을 만든 후에, 초생재배와 거기서 나오는 부산물을 되돌려 농사를 지어야지 처음부터 초생재배로 농사를 했다가는 망치기 십상입니다. 필자의 주위에도 땅심은 안 살리고 자연농업 한다고 했다가 실패한 분들이 가끔 있습니다.

귀농인들이 많이 읽는 책 중에 일본의 기무라 아키노리 씨가 쓴 『기적의 사과』라는 것이 있는데, 그것을 보면 심은 지 10년 가까이 된 나무에서 꿩알만 한 사과 몇 개가 달렸다는 대목이 나오지요. 그저 자연 상태 그대로 초생재배에 만족하는 철학의 소유자라면 모를까, 직업으로 귀농해 투자를 한 귀농인으로서는 "생일날 잘 먹으려고 며칠간 굶다가 죽는 꼴"이 되는 격이 아닌가 싶습니다.

어쨌든 유기농업과 자연농업 모두가 땅심이 있어야 된다는 것을 잊으면 안 되겠습니다.

땅심을 좋게 할려면 흙을 잘 만들어야 하는데, 흙 만들기에 앞서 사전에 체크해야 할 사항은 다음과 같습니다.

〈그 전과 비교해 볼 때〉

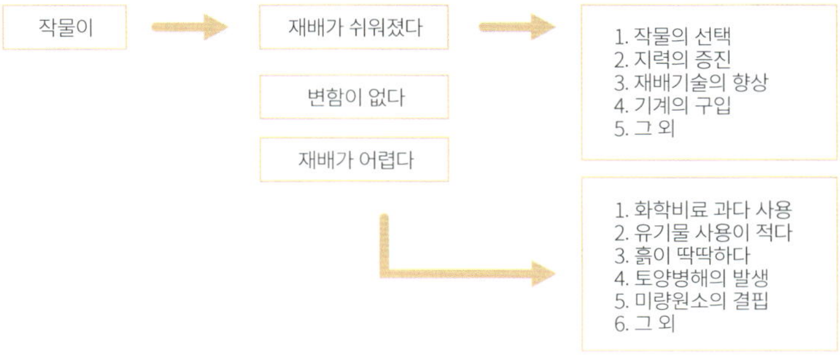

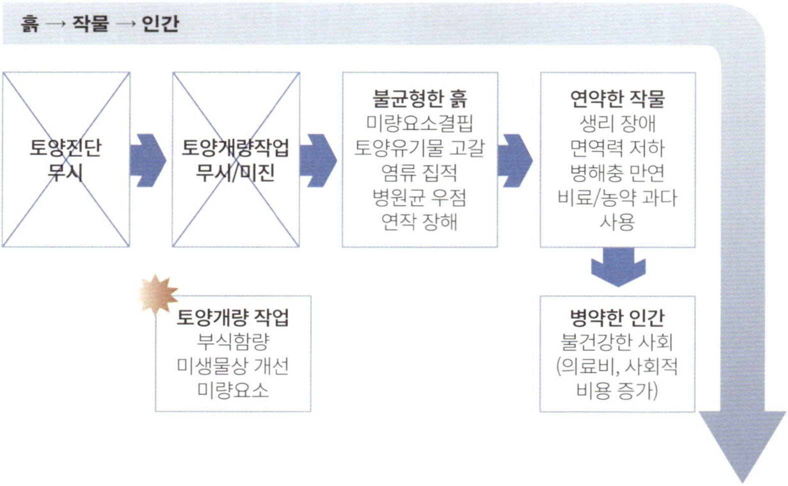

◇ 영동 황금도라지(유기재배 3년생)의 비교. 땅심이 좋은 토양에서 재배된 것(왼쪽)과 땅심이 조금 못한 논에서 재배된 것(오른쪽).

9

사과 맛이 점점 못해진다?

강의를 다니면서 과수원 하시는 분들을 만나면 가끔 이런 말을 듣습니다. 옛날보다 사과 맛이 못해졌다고요. 사실이 그렇습니다. 왜 그럴까요? 그 이유를 곰곰이 생각해보고, 또 오랫동안 재배해온 분들과 여러 차례 토론을 거친 후에 이런 결론을 내리게 되었습니다.

첫째는 기후변화 때문입니다. 우리나라의 평균기온은 지난 100년 사이 1.5°C 정도 높아져서 주야간의 기온차가 많이 나야 낮에 광합성작용으로 만들어진 양분이 열매로 가는데 그렇지 못하다는 얘기입니다.

두 번째로는 사과 품종이 왜성목으로 변해가고 있어 옛날 큰 나무들보다 영양분의 흡수가 적어 맛이 못하다는 것입니다. 나무에는 심근성(深根性)과 천근성(淺根性)이 있습니다. 옛날에 심었던 큰 나무들은 심근성으로 뿌리가 깊게 내려 여러 층에서 미량원소를 비롯한 영양분을 골고루 흡수하는 데 반해, 최근에 심는 나무는 왜성으로 천근성이 라 뿌리가 얕게 내려 상대적으로 양분을 적게 흡수합니다.

세 번째로 옛날에 심은 큰 나무든 최근에 심은 왜성 나무든, 토양 유기물의 부족으로 각종 미네랄의 결핍과 양분의 불균형을 일으키고, 토양미생물의 부족 등으로 땅심 자체가 나빠져 문제가 된다는 것입니다. 특히나 천근성인 왜성목은 땅 표면에서 20cm 내에 잔뿌리 80%가 분포되어 있으므로 시비하는 것만큼만 흡수하여 나무가 자라고 열매가 맺는다는 것입니다.

구분	뿌리의 분포	비고
심근성	지표에서 30cm 내에 잔뿌리 70%가 분포 (1.5m 이내 30%)	사과(일반대목), 감, 호도, 대추
천근성	지표에서 20cm 내에 잔뿌리 80%가 분포	복숭아, 자두, 매실, 포도, 블루베리, 오미자, 왜성사과

◇ **표 2-4** 심근성과 천근성의 비교

다음은 영주에서 사과를 재배하는 김동진 씨의 사례입니다.

흙살림 회원으로 사과 유기재배를 하고 있는 김동진 씨 농가의 경우, 과수원 토양유기물 함량은 7.2%입니다. 이곳에서 직접 들은 바에 따르면, 이 농가는 우리나라 사과 유기재배인증 1호이며, 농촌진흥청 연구관들도 와서 보고는 이런 토양이 좋은 곳도 있었나? 라고 놀랄 정도였다고 합니다.

필자도 2018년에 이 농가와 인근 농장 8군데의 흙을 함께 가져와 경상대 정영륜 교수팀에게 분석을 의뢰한 바 있는데, 김동진 씨 농가는

◇ 경북 영주 김동진 씨의 유기재배 사과농장(왼쪽)과 농장주 김동진 씨(오른쪽)

방선균이 흙 1g당 120만 마리 정도였고, 유기재배로 농사를 잘 짓고 있는 토마토농장 한 곳을 제외한 나머지 7군데의 토양은 방선균 숫자가 이에 훨씬 못 미쳤습니다. 심지어 어떤 토마토 재배 비닐하우스의 흙은 4천 마리에 불과했습니다. 이런 토마토농장에선 다량의 농약을 매년 사용하지 않고는 농사를 지을 수 없을 뿐 아니라, 지속적·고품질·다수확 농사는 생각지도 못하고 매년 악순환을 거듭하며 고전을 할 수밖에 없을 것입니다.

필자가 이 유기재배 사과농장을 찾은 것은 2014년 9월 4일 영주시 농업기술센터에서 강의를 한 뒤입니다. 그다음 날 오전 9시반경에 도착해서 낫으로 흙을 파보니 지렁이가 여기저기서 튀어나왔습니다. 40여 년 전 사과나무를 심을 때부터 퇴비로 땅심을 가꾸어서 2002년에 저농약 인증, 2005년도에는 무농약 인증, 2008년도부터 유기 인증을 받아 재배한 덕분이라고 하더군요. 이 농장 4천여 평을 둘러보는 동안 땅

◇ 농장 흙을 낫으로 살짝 파보니 지렁이가 튀어나오고(왼쪽), 바닥은 스폰지를 밟는 것처럼 푹신푹신했다(오른쪽)

을 밟아보니 이건 완전히 스폰지를 밟는 기분이었습니다.

그리고 수십 개의 포충기(벌레 잡는 기구)가 전부 땅에 방치 상태로 눕혀져 있었습니다. 값비싼 포충기를 왜 사용하지 않느냐고 묻자 돌아온 대답은 이랬습니다.

"천적들이 많아서 그런지 해충들이 없어요. 그래서 사용을 안 하는 거지요."

요즘 좀처럼 듣기 어려운 말이었지요.

사과나무는 가지 전정을 합니다. 1~2월에 전정한 가지를 처리하는 방법은 각 농가마다 다를 터인데, 이 농가에서는 30cm 길이로 잘라서 그대로 땅바닥에 놓아둔다고 합니다. 그래서 6월 말쯤이면 깡그리 분해되어 흔적도 찾아보기 힘들다고 합니다. 유기물을 분해하는 미생물이 많다는 증거인 것이지요. 이 땅이 정말로 좋은 땅이라는 것을 인

◇ 김동진 씨 유기재배 농가 포충기.

정하지 않을 수 없는 대목입니다. 고추 유기재배를 하는 농가들에서 고추 수확 후 고춧대를 뽑아내지 않고 그대로 로터리를 쳐 유기물로 공급하는 것도 이와 같은 맥락입니다. 볏짚을 논밭에 넣은 뒤 1년이 지나도 분해가 안 되는 흙과는 비교가 안 될 정도로 좋은 토양이라 할 수 있겠습니다.

그리고 2017년과 2018년 연속으로 가뭄이 심했는데도, 김동진 씨 농가는 관수시설을 갖춰놓고도 한 번도 관수를 안 했다고 합니다. 이는 토양 속 1%의 토양유기물이 1평방미터에서 17리터의 물을 보존하는 능력이 있기 때문입니다. 이처럼 토양유기물이 높은 토양에서는 가뭄 피해에 대한 우려가 훨씬 덜하다는 것을 알 수 있습니다.

김동진 씨 농가는 2017년도에 관계기관으로부터 "전국 사과 유기농교육농장"으로 지정받기도 했답니다.

이렇게 오랜 기간 정성껏 땅심을 살려 건강에 좋은 유기재배 사과를 생산했으니 이제는 많은 소비자가 찾을 수 있게 되었으면 하는 바람입니다. 올바른 먹을거리는 땅에서부터 시작한다는 원리를 국민들에게 더 많이 알릴 수 있도록, 다양한 홍보 채널이 개발될 필요가 있겠습니다.

10

토양 소독의 약제 방제는 어리석은 일이다

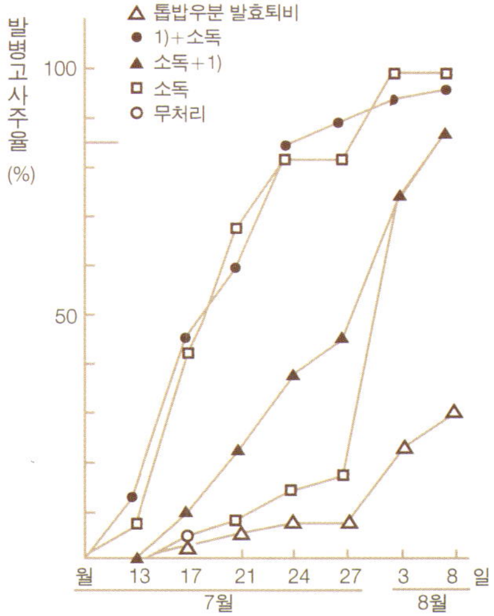

◇ 외류의 덩굴쪼갬병에 톱밥우분 발효퇴비를 사용한 효과

연작을 하는 노지나 시설원예를 하는 곳이나 가리지 않고, 전국 어디서나 연작장해가 나타나고 있습니다. 특히나 병충해를 해결하기 위해 토양 소독을 많이 하는데 그것에 대해 한번 살펴보도록 하겠습니다.

이 그래프는 외류(수박, 참외, 오이, 메론 등)에 발생해 큰 피해를 주는 만할병(덩굴쪼갬병)에 대한 다섯 가지 처리 방식의 효과를 나타낸 것입니다. 다섯 가

◇ 증기로 소독한 것(왼쪽)과 하지 않은 것(오른쪽). (미국 Ball 자료)

지 처리를 동시에 실시하고 한 달 후에 만할병으로 죽는 것을 조사해 보니 가장 많은 곳은 ④번의 소독을 한 곳, 가장 적은 곳은 ①번의 톱밥우분 발효퇴비를 준 곳으로 나타났습니다.

위 그림은 똑같은 배양토 상에서 기른, 증기 소독을 한 쪽(왼쪽)과 하지 않은 쪽을 비교한 것입니다. 똑같은 액비로 재배했는데 증기 소독을 한 쪽이 성장하지 못한 것을 확인할 수 있습니다.

이 두 가지 실험은 모두, 소독을 하면 좋은 충과 나쁜 충, 좋은 균과 나쁜 균을 동시에 사멸시킨다는 것을 알 수 있습니다. 그런데 앞의 실험에서는 나쁜 균들이 먼저 나타나 더 많은 피해를 준다는 것, 뒤의 실험에서는 피트와 질석을 혼합 사용한 인공 흙에서도 증기 소독을 한 쪽이 안 한 쪽보다 미생물의 활동이 미진해 성장이 떨어진다는 것을 볼 수 있었습니다.

이를 설명하기 위해 한 가지 비유를 들어볼까요? 밭에 작물과 잡초가 뒤엉켜 도저히 잡초만을 뽑을 수가 없을 때 비선택성 제초제를 사용해서 모두 고사시켰다고 합시다. 그러면 그 후 작물이 빨리 나타날까요, 아니면 잡초가 빨리 나타날까요? 틀림없이 잡초가 빨리 나타나는 것을 볼 수 있을 것입니다. 이와 마찬가지로, 토양 속 미생물들도 소독 후에는 유해한 미생물들이 더 빨리 나타나므로 이에 따른 후속 조치가 반드시 필요하다는 얘깁니다.

토양처리법	화본과 잡초	광엽 잡초	기타 잡초	합계
무처리	1069	261	6	1336
태양열 소독	0	26	0	26
제초제	200	89	0	289
훈증제	6	42	0	48

◇ **표 2-5** 토양소독 방법별 잡초 발생량 (본수/㎡)
(1991, 新鴻園試)

연작피해가 많은 시설재배지의 경우 토양 소독을 하는 경우가 많습니다.

필자는 화학농약에 의한 토양 소독은 땅속 생태계를 전부 죽이는 결과를 초래하니 극구 말리고 싶습니다. 다만, 하우스 밀폐나 물과 밀기울(또는 쌀겨)을 이용한 태양열 토양 소독은 병충해 방제를 위해 가끔은 해도 나쁘지 않다고 생각합니다. 물론, 이 태양열 소독도 시기를 맞추는 것이 중요합니다. 우리나라의 경우 늦어도 8월 초·중순에 시작해서 지중 기온이 40°C이하로 떨어지기 전인 8월 말까지 완료하는 것이 병충해 방제에 가장 효과가 높습니다.

그러나 이런 물리적인 고온 처리도 소독은 소독이지요. 태양열 소

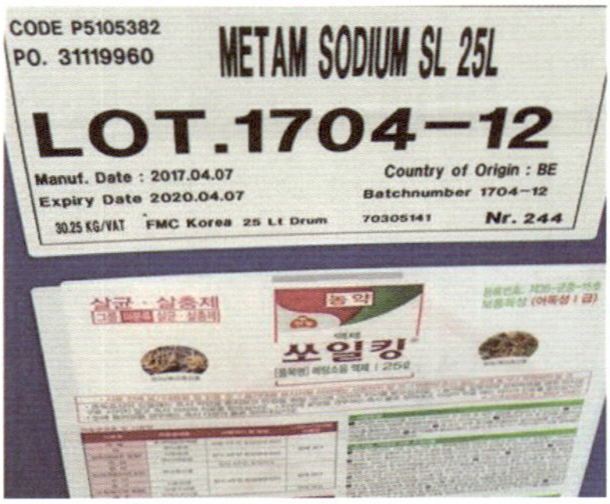

◇ 농약(왼쪽)으로 토양 소독한 고추밭(오른쪽).

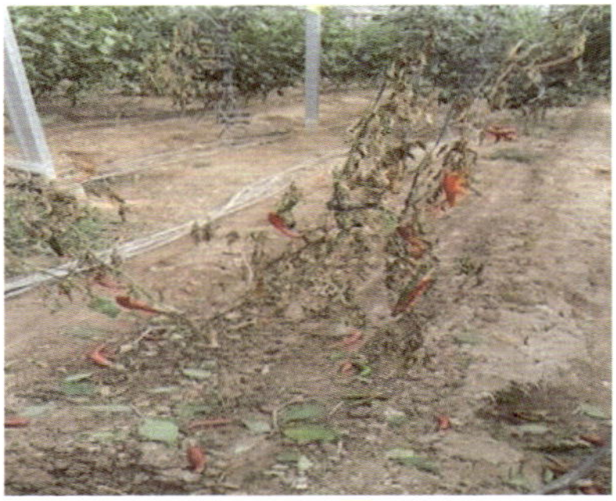

◇ 소독한 밭의 고추바이러스 피해

독이 끝나면 살아 있는 토양미생물이 거의 없어지므로, 소독 후 유익한 미생물들의 빠른 우점을 위해서 잘 발효된 완숙퇴비나 유기물 및 유익한 미생물을 함께 넣어 토양미생물상의 회복과 번식을 빠르게 하는 것이 매우 중요합니다.

일본 삼지 선충연구소(三枝 線蟲硏究所)의 연구 자료를 보면 다음과 같은 내용이 있습니다.

"토양훈증제인 농약의 사용은 땅속의 대형동물인 지렁이와 모든 선충과 미소동물, 미생물까지도 무차별적으로 사멸시킨다. 그러나 일부 식물기생성 선충과 식물의 병원(病原)이 될 수 있는 미생물은 남게 된다. 왜냐하면 이런 식물 관련 생물은 식물의 뿌리나 잔재물 내에 자리 잡고 있어 토양 속에 유동하고 있는 것보다 농약의 영향을 받기 어렵기 때문이다. 이렇게 잔존한 생물은 생존 경쟁 상대나 때로는 천적조차도 없어 작물의 다음 작기에는 더 큰 피해를 준다."

11

퇴비는 땅속에서 분해가 더딘 오래가는 것이 좋을까? 아니면 빨리 분해되는 것이 좋을까?

교육장에서 만난 농민들에게 질문을 던져보면 90% 이상이 빨리 분해되는 것이 좋다는 대답이 나옵니다. 그래서 다시 미생물은 땅속에서 무엇을 먹고 삽니까? 하고 물어보면 유기물이라고 대답합니다. 그러면 미생물이 유기물인 퇴비를 빨리 먹어치우고 나면 계속 살아남기 위한 먹이가 없는데 어떡하느냐고 또 묻습니다. 이때는 대답이 잘 나오지 않습니다.

답은, 퇴비는 땅속에서 오래가는 것이 더 좋다는 것입니다. 그래야 퇴비가 미생물의 먹이도 될 뿐만 아니라 서식처인 집의 역할도 해주며, 토양의 통기성, 보비성, 보비성, 배수성 등의 물리성을 좋게 하여 토양 개량 및 땅심을 높이는 데 중요한 역할을 하기 때문입니다.

그러면 오래가는 퇴비를 만들려면 어떤 재료를 사용해야 할까요?

퇴비의 주원료로 사용되는 소재는 동·식물체인데, 퇴비화 과정에서 동물질은 질소(영양)원으로 거의 분해되고 식물체 성분만 남습니다. 이 식물체는 셀루로즈(섬유질)와 헤미셀루로즈(조섬유질), 리그닌이 3대 주요 구성 물질이며, 그 외 단백질과 지방, 당분, 탄닌, 밀납, 회분 등으로 되어 있습니다.

이 3대 주요 구성 물질들의 분해 과정을 보면 다음과 같습니다.

먼저, 헤미셀루로즈는 식물 조직의 세포막 속에 함유되어 있는 물질로서 리그닌과 더불어 셀루로즈 주변에 견고하게 달라붙어 셀루로즈의 기계적 강도를 높이는 중요한 역할을 합니다. 이 헤미셀루로즈의 방선균과 사상균에 의한 분해를 보면, 1차적으로는 다당류와 유기산으로 분해되고 최종적으로는 이산화탄소(CO2)와 물로 분해되며, 토양 속에서 토양유기물(부식)로 남는 것은 식물체의 0~2%로서 거의 없다고 할 수 있습니다.

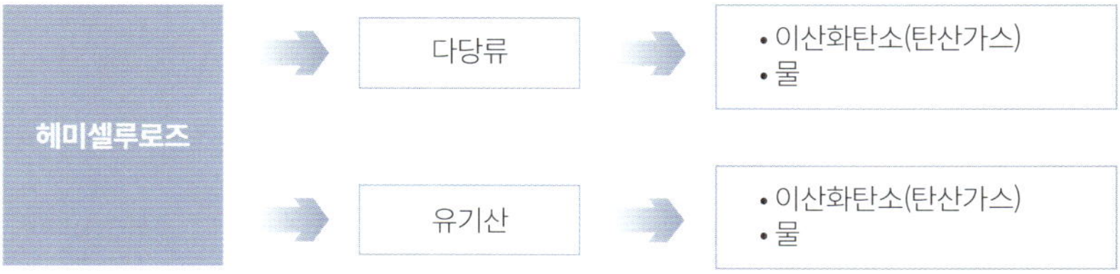

◇ **표 2-6** 헤미셀루로즈의 방선균에 의한 분해

다음으로, 셀루로즈는 식물의 세포벽 등 골격을 형성하는 물질로 퇴비 재료 중 제일 많은 주성분입니다. 주로 방선균을 비롯해 호기성 세균과 사상균이 분비하는 섬유소 분해효소인 셀루라제에 의해서 최종적으로는 탄산가스와 물로 분해되지만, 토양 속에 투입되는 식물체의 2~10% 정도가 토양유기물(부식)로 남습니다. 혐기성 세균에 의해 분해될 경우에는 마지막으로 메탄가스를 생성합니다.

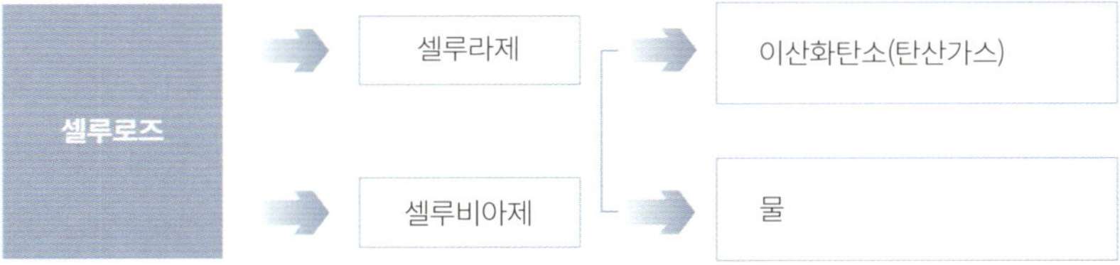

◇ **표 2-7** 셀루로즈의 호기성 세균과 사상균에 의한 분해

마지막으로, 리그닌은 건조한 식물체 속에 약 10~30%를 차지하는 구성 물질로서, 셀루로즈와 헤미셀루로즈가 미생물에 의해 먼저 분해되고 난 뒤 남은 잔재물로 난분해성 물질을 말합니다. 이 잔재물인 리그닌과 토양 속에 있는 미생물의 죽은 사체와 지렁이, 선충, 각종 소동물의 사체, 회분 등이 결합된 것을 리그닌 단백복합체 또는 부식, 휴머스, 토양유기물이라 합니다. 토양에 투입되는 식물체 중 35~50%가 남은 것으로, 이게 바로 땅심의 기본이 됩니다. 그 생성 과정은 다음과 같습니다.

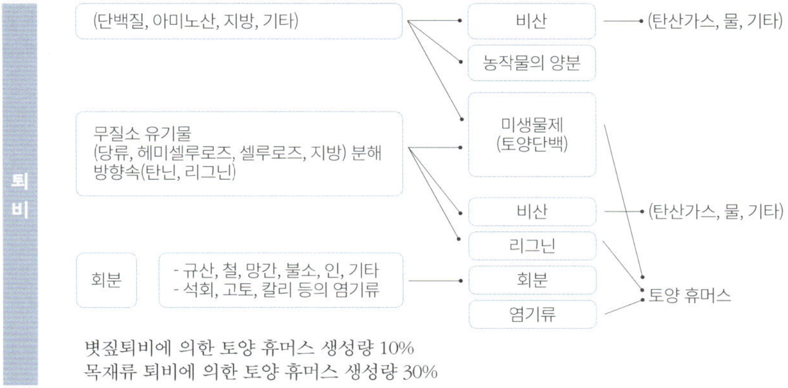

◇ **표 2-8** 토양 휴머스 생성도 (토양유기물=토양부식=리그닌 단백복합체)

위에서 보는 바와 같이 토양유기물(부식)의 생성 과정은 좀 복잡합니다. 퇴비가 땅속에 들어가 분해 등 여러 과정을 거쳐 최종적으로 남은 미생물(지렁이, 선충, 소동물 등) 사체와 리그닌과 회분(규산, 철, 망간, 붕소, 인, 그리고 석회, 고토, 가리 등의 염기류)이 결합된 물질을 토양유기물(부식)이라고 합니다.

12

토양의 중금속 오염

건강에 대한 관심이 날로 높아가고 있는 요즘, 공해병의 원인인 중금속 오염에 대해서도 궁금해하는 분들이 많습니다. 만일 토양이 중금속으로 오염되면 어떤 문제를 일으킬까요?

중금속(重金屬)이란 글자 그대로 비중이 4~5 이상인 무거운 금속을 가리킵니다. 금이나 은이나 백금도 비중이 높긴 하지만, 이것들은 중금속이라 하지 않고 귀금속이라고 하지요. 현행 비료관리법상 규정된 중금속으로는 수은, 납, 카드뮴, 비소, 크롬, 아연, 구리, 니켈 등 8종이 있는데, 이 중 공해를 일으키는 데 관여하는 중금속으로는 카드뮴, 수은, 납, 크롬 등이 꼽힙니다.

금속과 단백질이 만나 결합하게 되면 단백질이 응고되어 굳어집니다. 이 원리를 이용한 것이 두부지요. 콩물[豆乳]에다 간수(마그네슘)를 넣으면 콩의 단백질이 응고되어 두부가 만들어지는 것입니다. 지금은 약국이나 병원에서 잘 사용하지 않지만 일이십 년 전만 해도 상처가 나면 가장 많이 사용하던 것이 머큐로크롬이라는 빨간 소독약이었습니다. 이 약에는 수은이 들어 있는데, 이 수은이 상처 부위에 침입한 병원균과 접촉하면 병원균이 굳어져 죽게 되는 것이지요. 병원균체는 거의가 단백질로 되어 있기 때문입니다.

중금속으로 오염된 토양에서 재배된 농작물이나 오염된 사료를 먹은 가축, 오염된 바다에서 서식하는 어패류를 섭취하게 되면 인체는 공해병을 일으키게 됩니다. 체내에 들어온 중금속은 단백질로 구성된 체내 신진대사 조절 효소와 결합하여 이들 효소를 응고시킴으로 신진대사를 저해하거나 정지시킵니다.

그중 중금속이 신경세포를 연결하는 효소와 결합하게 되면 아주 심각한 증상을 유발하게 됩니다. 인체의 신경은 한 가닥으로 되어 있지 않고, 신경세포와 신경세포 사이가 약간 떨어져 있습니다. 그 사이를 나룻배처럼 효소가 오가며 두 세포 사이를 연결해줍니다. 그런데 이 효소가 중금속과 결합하여 응고하게 되면 효소가 제 구실을 하지 못하여 대사가 늦어지거나 두절되고 맙니다.

예를 들어, 돌이 멀리서 날아오면 눈으로 확인하는 즉시 뇌에 보고가 되고 뇌에서는 신체의 각 부분에 피하라는 지시를 내려야 하는데, 신경세포와 신경세포 사이를 연결하는 효소가 굳어져 움직임이 둔해지면 전달이 늦어져 제때 피할 수 없게 됩니다. 중금속을 많이 섭취하여 중독이 된 가장 뚜렷한 증상은 반사행동이 둔해져 자극에 대한 반응이 아주 느려진다는 것입니다.

1950~60년대에 일본 열도를 떠들썩하게 했던 “이따이 이따이” 병은 카드뮴 중금속 오염의 대표적인 피해 사례일 것입니다. 우리말로 “아야 아야”라는 뜻인데, 일본 도야마현(富山縣)의 진즈강(神通川) 상류에 있는 미쓰이(三井) 금속회사 소속의 가미오카(神岡) 광업소에서 흘려보낸 폐수 속의 카드뮴이 강과 일본 내해(內海)를 오염시킴으로써 벌어진 사태였지요. 이 강물을 농수로 사용한 농경지의 작물과, 인근 바다에서 잡은 어패류를 잡아먹은 주민들 사이에서 나타난 카드뮴 중독증이었습니다.

당시 일본 TV에서 방영된 이따이 이따이병 환자들의 모습은 그야말로 충격적이었습니다. 몸집은 스무 살이 넘은 성인이지만 홀로 서지도 못한 채 부모의 등에 업혀서 다녀야 했고, 머리를 바로 가누지 못해 계속 도리질하듯이 좌우로 흔들거렸으며, 팔다리는 문어발처럼 늘어져 휘청거렸습니다. 맥 빠진 눈동자는 초점을 잃었고, 헤벌레 벌어진 입에서는 침이 줄줄 흘러내렸습니다.

카드뮴은 금, 은, 아연의 제련소나 도금공장 등의 폐수에 섞여 배출되는 경우가 많다고 합니다. 카드뮴은 우리 몸의 뼈와 이빨의 주성분인 칼슘과 성질이 아주 비슷하지만, 칼슘만큼 단단하지는 못합니다. 체내에 들어온 카드뮴은 뼈를 구성하고 있는 칼슘 자리에 들어가 칼슘을 쫓아내고 그 자리를 차지합니다. 카드뮴이 차지한 곳은 칼슘만큼 단단하지 못하기 때문에 그 자리에 근육이 밀고 들어가게 되며, 결국은 뼈 사이에 파고든 근육으로 샌드위치 같은 상태가 되어 격심한 고통을 수반하게 됩니다.

중금속의 가장 큰 오염원은 정화 처리되지 않고 방류된 산업폐수입니다. 이런 산업폐수 속에 들어 있는 중금속이 강과 바다 밑의 흙을 오염시키면서 그것이 결국 인체에 들어오게 되는 것입니다. 큰비가 내린 뒤 크고 작은 강가에 물고기 사체가 떼 지어 떠 있는 것도 어쩌면 이 같은 중금속 오염 탓인지도 모릅니다.

토양의 중금속 오염에 대해 심대한 관심을 기울이지 않는다면 우리의 후손들이 기형아로 태어날 수도 있다는 우려도 자주 제기되고 있습니다. 더욱이 한번 중금속으로 오염된 토양에서 중금속을 제거하여 깨끗한 토양으로 재생시키기란 거의 불가능에 가깝다고 합니다.

우리가 화학농약이나 중금속에 의한 오염을 경계하면서, 건강한 땅심을 살려 친환경 유기재배를 해야 하는 이유가 여기에 있습니다.

연작을 할 수 있는 방법이 없을까?

3강

1

연작장해란?

같은 작물을 같은 장소에 잇달아 재배할 때 토양과 작물 간에 정상적인 관계를 유지하지 못하고 작물 성장이 원인 모르게 불량해지며 품질과 수량이 저하되는 것을 말합니다. 일례로, 복분자 주산지로 유명한 어느 지역에서 10년 만에 수확량이 3분의 1로 줄었다거나, 어느 무화과와 키위 주산지에서 뿌리혹선충을 비롯한 각종 병충해로 날이 갈수록 고충을 겪고 있다거나 하는 등등의 얘기를 듣게 됩니다. 이는 다른 무엇보다 연작장해의 결과인데, 그 피해는 시설재배와 노지, 과수 할 것 없이 모든 경작지와 작물에서 나타나고 있습니다.

2

연작장해의 원인

1) 토양 병해충 만연(선충, 해충, 병원균)

같은 작물을 같은 장소에 계속 재배하게 되면 해당 작물의 생육에 관여하는 미생물(충)만 남게 되고 그 외의 유용한 미생물(충) 종류와 수가 점차로 줄어들어 다양한 미생물의 확보가 어렵게 됩니다. 또한 작물의 잔사(殘渣)를 분해시키는 과정에서 생성되는 독소는 작물을 연약하게 하여 각종 병충해에 대한 저항성을 낮게 합니다.

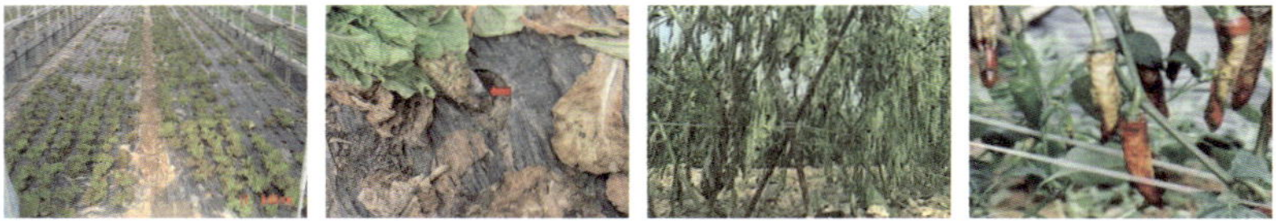

◇ 연작장해의 모습들

그리고 토양전염성의 병원균들은 흙속에 있는 작물의 잔사에 계속 살아남아 다음 작기에도 병을 일으키며, 선충도 이와 같은 악순환을 동일하게 반복하게 됩니다.

2) 염류집적

염이란 산과 염기가 결합된 것을 말합니다. 황산(산)+칼리(염기)가 결합된 것이 황산가리가 되는 것처럼 대부분의 화학비료는 염으로 되어 있는데, 염은 작물 생육에 꼭 필요한 영양소입니다. 이 염이 적정보다 과다하게 토양 속에 있을 때 염류집적이라고 하며, 이때 작물의 생육 불량은 물론 수량과 품질이 낮아지게 됩니다.

◇ 염류집적이 된 상태의 모습

◇ 노지의 멀칭은 가을철 수확이 끝난 후 빨리 걷어주는 것이 좋다. 겨울을 지나 봄에 벗기게 되면 멀칭비닐 아래에 염류의 집적과 각종 병균들이 모여 있어 매년 연작피해를 볼 수 있다.

3) 미량요소 결핍

대부분의 작물은 각각이 좋아하는 특정한 영양분이 있습니다. 이렇게 특정한 양분만을 계속 흡수 이용하다 보면, 궁극적으로 그 양분의 부족현상이 일어나게 됩니다.

질소가 필요하면 질소를, 마그네슘이 필요하면 마그네슘을 즐겨 흡수하듯이, 식물이 흙속의 특정 양분을 선택적으로 흡수하는 것은 생명의 신비라 할 수 있습니다. 그러나 예컨대 토마토를 재배하는데 토마토가 좋아하는 양분만 계속 흡수해버리면 그 성분이 점점 부족해지고 전체 생장 균형이 무너져 토마토에 대한 연작장해현상이 일어나게 됩니다.

4) 뿌리에서 유해물질 분비로 기지(忌地)현상, 즉 그루타기현상이 나타난다

한곳에서 같은 작물을 계속 재배하다 보면 작물 뿌리에서 분비되는 분비물과 지상부의 작물찌꺼기가 토양 중에서 분해될 때 생기는 독소로 인해 작물의 중독현상과, 또 이를 싫어하는 특정 미생물이나 소동물들이 나타나게 되어 작물뿌리나 작물의 성장에 피해를 주게 됩니다. 작물이 이런 땅을 꺼리거나 싫어한다고 해서 기지현상 또는 그루타기라고 합니다.

연작장해는 이 밖에도 여러 가지 원인이 있겠지만 위의 네 가지가 가장 큰 원인으로 꼽히고 있습니다.

3

연작장해의 3/4이 선충으로 인한 피해다[1]

전 세계적으로 보면 식물기생 선충은 2,500종 이상으로 알려져 있는데, 작물 생산에 주는 피해가 심각하지만 상대적으로 그 중요성이 잘 알려지지 않은 것이 식물 기생성 선충에 의한 피해입니다. 선충 피해 발생이 토양 속에서 일어나므로 선충의 피해를 판단하기 어렵고 또 연구도 부족하여 가볍게 여겨지고 있는데, 미국에서는 선충 피해가 해충 피해에 못지않은 것으로 보고되어 있습니다.

선충은 선형동물 문(Nematoda 또는 Nemata)에 속하며, 중요한 기생성 선충은 Secernentia(세세르넨티아) 아강, Tylenchida(티렌키다) 목의 여러 속(屬)으로 분류되어 있습니다. 외관은 지렁이 모양이지만, 분류학

1 이 항목의 내용은 필자의 박사학위논문인 「유기성 부산물 퇴비처리가 채소 작물(상추, 둥근마, 멜론)의 뿌리혹선충 방제 및 생육에 미치는 영향」을 발췌 요약한 것입니다.

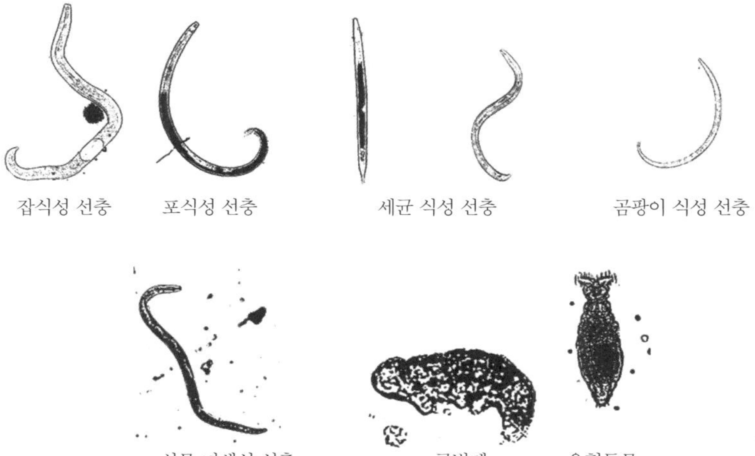

◇ 각종 토양동물들.

상으로는 지렁이와는 전혀 다른 생물로, 식성에 따라 동물기생성, 식물기생성, 세균식성, 사상균식성, 포식자 등의 그룹으로 나누어지며 형태도 식성이나 생태적 위치에 따라 다양합니다. 그중 식물기생성 선충은 머리 부분에 구침이 잘 발달되어 있으며, 매우 작고 예외는 있지만 길이는 0.3~1.0㎜, 폭은 0.015~0.035㎜ 정도 되는 소동물입니다. 대표적인 식물기생 선충은 오이나 당근 등 많은 작물을 가해하는 뿌리혹선충, 무나 고구마 등에 피해를 주는 썩이(根腐) 선충입니다. 이 밖에도 감자나 대두에 기생하는 시스트 선충 등이 있습니다. 뿌리혹선충(Meloidogyne속)은 1885년에 발견된 이래 2009년 현재 전 세계적으로 97종이 알려져 있고 다양한 종이 열대를 중심으로 북위 약 60도~남위

약 50도의 한랭지까지 분포하고 있다. 그중에서도 고구마뿌리혹선충(*Meloidogyne incognita*: 700종 이상), 땅콩뿌리혹선충(*M. arenaria*: 330종 이상), 당근뿌리혹선충(*M. hapla*: 550종 이상), 자바뿌리혹선충(*M. javanica*: 770종 이상)의 4종은 범세계적으로 분포하여 피해가 큰 점에서 국제적으로 중요시되고 있습니다.

식물 기생성 선충의 피해는 대부분 연작지에서 나타나며, 주로 병원균과 동시에 감염되어 뿌리 복합병 형태로 나타납니다. 즉, 연작장해의 3/4이 선충과 직·간접적으로 관련이 있는데, 1/4은 식물기생성 선충의 직접적인 피해이고, 2/4는 토양 병원균과의 상승 작용에 의한 피해입니다. 나머지 1/4은 각종 영양분의 결핍이나 과잉, 독소 등으로 인한 연작장해입니다. 실제 현장에서 일어나고 있는 선충 피해는 병에 걸린 부분에 선충이 가세한다는 예도 없지는 않으나 그런 예는 극히 드물고, 그 반대로 선충이 먼저 뿌리를 가해하면 그 상처를 통하여 병균이 침입하여 발병되는 것으로, 선충은 토양 병해의 중요한 발병 원인으로 생각됩니다

식물기생성 선충이 작물의 뿌리에 기생하게 되면 거기에 기계적으로 상처를 입히거나 생리적으로 기주작물의 뿌리를 변화시킵니다. 그러면 선충이 증식하는 데 유리한 단백질, 아미노산, 당분 등이 선충의 기생 부위에 증가하게 되어 선충의 영양이 풍부한 상태가 됩니다. 즉, 기주작물 뿌리의 형태, 생리적 성질이 바뀌며 결국은 흙속에 살고 있

는 여러 종의 다른 이웃 곰팡이나 박테리아 등 미생물에게도 살기 좋은 상태가 됩니다. 병원성 미생물의 포자나 균사 등도 선충이 기생한 뿌리 부위에 적극적으로 모여서 병을 쉽게 일으키고, 동시에 본래는 강한 병원성을 가지고 있지 않았던 병원균도 뿌리 근처에서 환경에 따라 병을 일으키기도 합니다.

우리나라에서는 멜론, 참외, 수박, 오이 등 박과 작물을 비롯해 각종 채소류, 화훼류, 약용작물, 인삼과 묘목 등에 다양하게 피해를 주고 있고, 현재 2,000여 종의 식물체에 기생하여 피해를 주고 있습니다. 뿌리혹선충으로 인해 우리나라 시설재배지의 약 54%가 감염되어 있고, 전체 원예작물의 15% 이상이 수확량 감소를 가져오고 있으며, 성주 지역에서는 참외 재배에 연간 300억 원의 피해를 보고 있다고 합니다. 최근 전국의 채소(고추, 토마토, 멜론 등) 재배지에서 모든 작물에 바이러스 병이 심하게 발생하여 농가들이 속수무책으로 큰 피해를 입고 있는 실정입니다. 바이러스 병의 주된 원인으로는, 기주식물 자체가 양분 불균형으로 연약한 작물이 될 때 종자나 모종, 농기구, 사람의 손과 발에 의한 접촉 전염과 진디물이나 총채벌레 등에 의한 매개충으로부터 전염된다고 알려져 있습니다. 이 외에 심각한 피해를 일으키는 몇 종의 바이러스는 토양 속 곰팡이나 선충에 의해 전염되며, 특히 식물기생성 선충이 중요한 매개체라는 것이 밝혀졌습니다. 그러나 바이러스를 직접 방제할 수 있는 농약은 현재 없으며, 더욱이 토양 속에서 감염되는 것은 근본적으로 방제할 수 없는 것이 현실입니다.

선충의 피해를 줄이는 효과적인 방법으로는 화학농약으로 방제하거나 저항성 품종 개발을 들 수가 있는데, 화학농약을 사용한 후에는 선충의 방제로 작물의 생육이 일시적으로는 좋아질 수 있습니다. 이 외에도 화학비료 성분의 변화나 미생물 사체의 분해 시 방출되는 양분의 효과도 있을 수 있지만, 그 후의 토양미생물에 끼치는 영향을 생각해보면 문제는 심각합니다. 토양 훈증제 사용 후, 뿌리혹선충이나 썩이선충의 재감염이 빠른 것은 훈증제가 천적미생물(포식선충, 포식균 등)도 모두 사멸시키기 때문이라고 생각됩니다. 시설하우스나 연작지에서 자주 발생되는 연작장해의 경우, 식물기생성 선충에 의한 토양병 및 특정 영양분 결핍이나 과다 집적에 의해 병이 발생합니다. 특히 선충과 직·간접적인 관련이 있지만 선충의 피해는 증명하기 어렵기 때문에 가볍게 여겨지고 있는 것이 현실입니다. 그래서 작물에 선충이 감염되면 발병율이 높아지므로, 이러한 토양 병해를 줄이기 위해서는 먼저 선충을 효과적으로 방제하는 것이 중요합니다. 화학적 방제와 함께 종합적 관리 방안 중 하나로 경종적 방제가 있습니다. 비(非)기생작물(예를 들면 고구마 뿌리혹선충의 비기생작물은 땅콩)이나 저항성 품종(토마토는 뿌리혹선충 저항성 품종이 많음)을 도입하면 좋습니다. 화단에서 자주 볼 수 있는 매리골드는 선충에 유해한 물질을 가지고 있어 이것을 수개월 재배하면 키타썩이선충(*Pratylenchus penetrans*)의 재감염이 매우 느려집니다. 땅콩은 지력 유지 작물로서 이것을 한번 재배하면 고구마뿌리혹선충의 밀도가 큰 폭으로 감소합니다. 또한 토란을 재배하면 한지형의 키타썩이선충을 억제할 수 있습니다. 하지만 난지형의 미나미썩이선충

(*Pratylenchus coffeae*)이 늘어나게 되므로 주의가 필요합니다. 최근 우리나라에서 발생되는 많은 작물의 선충 매개 바이러스 병을 효과적으로 방제할 수 있는 방안 중 하나로 생물학적 방제가 있습니다. 즉, 완숙퇴비를 사용하여 토양을 병에 대한 억제형으로 바꾸고, 기주 저항성을 유도하는 좋은 미생물을 사용하여 바이러스에 대한 저항성을 높이는 방법입니다.

또 연작의 피해로 많이 나타나는 입고병도 식물기생성 선충과 밀접한 관련이 있습니다. 식물기생성 선충과 입고병을 일으키는 푸사리움은 서로 상승작용을 나타내는데, 토양 속에서 푸사리움균만으로는 직접적인 병해를 크게 주지 않습니다. 식물기생성 선충이 식물 뿌리에 침입하게 되면 선충의 몸속에 있던 푸사리움균이 자연히 식물 조직에 침투해서 병을 일으킵니다. 그러므로 이러한 토양 전염 병원균과 선충을 동시에 효과적으로 방제할 수 있는 가장 현실적인 방법은 퇴비 처리입니다. 퇴비를 잘 발효하면 퇴비 속에 유해한 선충을 포식하는 안티-네마토다 동물인 퇴비선충(일명 대형선충 또는 포식선충)이 발생되는데 식물기생성 선충(뿌리혹선충, 썩이선충)보다 크고 이[齒] 갖고 있어 2주간에 약 1,300마리의 선충을 포식합니다. 이 선충은 작물에 전혀 피해를 주지 않고 번식하며, 칼리 성분을 조금 섭취하는 정도이며, 결국 죽으면 토양 중에 부식질로 다시 환원합니다. 이 포식성 선충은 퇴비 속의 70~80℃에서도, 병원균과 해충, 잡초 종자, 다른 선충은 죽지만, 더 잘 번식됩니다. 일본의 요시다(吉田) 종합연구소(1988. 8)에서는 일본 전역에서 발효퇴비로 시판되고 있는 퇴비 100점을 분석한 결과, 퇴비 50g당 최저 45마리에서 최고 38,000마리까지 선충이 발견되었다고 합니다. 이 선충들이 전부 유해한 선충이거나, 아니면 유익한 선충이거나 할 수는 없겠지만, 이는 퇴비의 발효온도가 60℃ 이하로 낮아지게 되면 퇴비 생산 중에 선충의 생육적온이 되어 선충이 다량으로 증식된다는 사실을 알게 해줍니다. 그래서 퇴비 속의 모든 선충은 발효 온도와 깊은 연관성이 있는 것입니다. 저온에서는 유해한 선충이 많이 증식된다고 합니다.

또, 퇴비를 잘 발효시켜 사용하게 되면 지렁이도 많이 번식되어 유해 선충을 잡아먹게 됩니다. 그리고 발효퇴비 속의 방선균과 곰팡이 중 여러 종은 선충을 죽이기도 합니다. 외국의 보고에 의하면 뿌리혹선충의 피해가 극심한 파인애플 농장에 잘 발효된 퇴비를 사용한 후에는 그 피해가 전혀 없었다고 합니다. (참고: 선충의 천적 곰팡이는 트리코델마류임.)

한편 토양 속에는 식물기생선충 이외에도 다양한 선충이 살고 있는데 세균이나 곰팡이, 유기물을 먹는 부생성 선충이 있습니다. 그중에는 선충을 먹는 입이 큰 선충도 있으며 형태는 물론이거니와 움직이는 모습이나 속도 등 가지각색입니다. 이러한 선충은 활발하게 움직이는데, 이와 다르게 식물기생선충은 움직임이 느려서 이런 포식성 선충에게 잡아먹히기 쉽습니다. 흙에서 분리된 선충을 현미경으로 보면 때때로 뿌리혹선충 등이 포식성 선충에 의해 한꺼번에 잡아먹히는 모습이 관찰되기도 합니다.

평범한 밭의 토양은 한 줌의 토양에서 수백 마리의 선충이 검출됩니다. 유기물이 충분히 포함된 흙에서는 다양한 종류의 선충을 다수 확인할 수 있습니다. 이 부생성과 식물기생 선충의 생식 관계를 보면 토양 속에서는 선충 간이나 미생물 간에 격한 생존경쟁이 계속되고 있습니다. 부생성 선충이 많으면 식물기생 선충이 느는 것을 억제하는 기능이 있습니다. 부생성 선충이 많은 토양에서는 기생성 선충은 감소하고, 반대로 기생성 선충의 밀도가 높으면 부생성 선충이 줄어드는 관계를 보입니다. 연구에 의하면 계분을 매작기마다 시용한 경우 식물기생 선충인 키타썩이선충은 감소하지만, 부생성 선충은 많아졌습니다. 반대로 화학비료를 시용한 경우에서는 식물기생 선충은 많고, 부생성 선충은 현저히 감소했습니다. 이 원인의 하나로 계분의 분해 산물에 대한 두 가지 선충의 치사농도가 다르다는 것이 알려져 있습니다. 이런 반응의 차이는 토양에 대한 유기물의 분해 과정 중 식물기생 선충은 억제되기 쉽지만 대조적으로 부생성 선충은 잔존하는 경향이 있음을 나타내고 있습니다. 이런 현상은 유기물 투입이 부생성 선충의 증식에 매우 유리한 하나의 원인으로 볼 수 있다. (참고: 발효가 안 된 생계분은 요산염과 가스 피해 및 병충해 발생의 문제가 있음.)

더욱이 부생성 선충의 증대는 지력의 유지에도 큰 영향을 끼치고 있습니다. 즉, 대량으로 생식하고 있는 부생성 선충은 토양 속의 부식을 만드는 데서 큰 역할을 하고 있습니다. 퇴비를 매년 시비한 밭에서는 10a당 일 년에 800kg 이상이 넘는 부생성 선충이 있고, 이것들의 사체가 부식을 만듭니다. 한편, 유기물이 다용한 토양은 화학비료를 준 경우와 비교해 토양의 물리성이 현저히 개선됩니다. 완전한 부식은 토양을 팽연(膨軟: 부드럽게 폭신폭신함)하게 하고, 공기를 모아 선충을 둘러싼 미생물의 증식을 재촉하여 그 사체의 비료 양분을 흡착하고 토양의 단립(떼알)구조를 발전시킵니다. 그와 함께 부식은 선충 포식균 등의 유용 미생물을 늘리는 작용을 합니다. 그러나 화학비료를 연이어 사용하면 부식은 감소합니다. 토양 속의 미생물상은 단순하게 되어, 부생성 선충은 감소하고 뿌리혹선충이나 썩이선충 등이 증가하게 됩니다. 또한 같은 작물 재배 등의 연작이 여기에 피해를 더하게 됩니다. 이렇게 보면 부생성 선충의 다양함과 많음이 밭의 건강을 나타내는 지표라 할 수 있습니다.

현재 식물기생성 선충에 의한 피해를 줄이기 위한 방법으로 활용되고 있는 농약 사용과 태양열 소독, 윤작, 담수, 심경 등은 실제로 작업하기가 힘들고 근본적인 해결책이 될 수 없습니다. 그리고 선충 억제용 녹비작물 재배도 종자 구입이 어렵고 생유기물이 식물기생성 선충 방제에 효과적이라는 실험도 있으나 부숙이 안 되면 토양에서 각종 병해충 발생의 원인이 되어 더 큰 피해를 볼 수 있으므로 좋은 방법이 아닙니다. 우리나라에서 선충을 방제하기 위하여 주로 사용하는 방법은 농약으로 1년차에는 매우 방제 효과가 좋지만, 2년차에는 농약을 또 사용해도 오히려 더 많은 선충이 발생하게 됩니다. 3년차에는 전혀 약효가 없고 내성도 강해지며 또 다른 선충이 증가되었습니다. 토양 소독을 아무리 철저히 한다 해도 병균이나 해충을 전멸시킬 수는 없습니다. 왜냐하면 식물기생성 선충은 유해 미생물과 함께 식물의 뿌리나 병든 식물 잔재물 속에 있기 때문이고, 소독에 의해 천적까지도 죽인 결과가 되어 병균과 해충이 더욱 왕성하게 증식되는 결과가 나타나기 때문입니다.

1) 퇴비 처리가 상추의 뿌리혹선충과 생육에 미치는 영향

퇴비처리가 상추 재배 시 뿌리혹선충과 생육에 미치는 영향을 조사하기 위하여 퇴비를 처리하지 않은 무처리구와 완숙퇴비의 처리량을 다르게 처리한 2개의 처리구(3kg, 10kg)로 나누어 조사하였습니다. 각 처리구의 상추를 수확하여 무게(수확량), 결주율, 뿌리혹선충 발병지수와 토양의 미생물 밀도를 조사하였고 각 조사항목 간의 상관관계를 통계학적으로 계산하여 비교하였습니다.

① 퇴비 처리량에 따른 상추 수확량 비교

퇴비 처리량에 따른 상추의 수확량을 비교하기 위하여 퇴비를 넣지 않은 무처리구와 퇴비 처리량을 3kg과 10kg으로 처리한 2개의 처리구로부터 상추를 수확하였습니다. 각 처리구의 상추의 무게를 측정하여 비교 분석한 결과, 퇴비 처리량이 많을수록 수확량이 증가하였습니다.

② 퇴비 처리량에 의한 상추 뿌리혹선충 지수

퇴비 처리량에 의한 상추 뿌리혹선충의 발병 정도를 확인하기 위하여 퇴비의 양을 0, 3, 10kg으로 처리한 처리구의 상추 뿌리로부터 뿌리혹선충의 발병 정도를 조사하였습니다. 각 처리구의 뿌리혹선충 발병지수와 퇴비 처리량을 비교한 결과, 퇴비를 처리하지 않은 무처리구에서는 평균 4.1의 뿌리혹선충 지수를 나타냈으며, 퇴비 3kg을 처리한 경우에는 평균 4.3으로 나타났고, 퇴비 10kg을 처리한 경우에는 평균 3.2의 뿌리혹선충 지수를 보였습니다. 따라서 퇴비 처리량이 많을수록 상추 뿌리에 발생하는 뿌리혹선충의 발병 정도가 감소하는 것을 볼 수 있었습니다.

◇ 퇴비 시비량에 따른 상추의 뿌리혹선충 모습. 왼쪽은 발효퇴비를 10a당 3톤을 시비한 뿌리이고(2개월 재배 후), 오른쪽은 퇴비를 시비하지 않은 뿌리이다.

③ 퇴비 처리량에 따른 토양의 방선균 밀도

퇴비 처리량에 따른 토양의 방선균 밀도를 조사하기 위하여 퇴비 0, 3, 10kg을 처리한 처리구의 토양으로부터 방선균을 분리하여 각 처리구의 방선균 밀도를 측정하였습니다. 각 처리구의 방선균 밀도를 비교한 결과, 퇴비를 처리하지 않은 무처리구의 토양에서는 평균 4.7×10.5 cfu/g의 방선균이 나타났으며 퇴비 3kg과 10kg을 처리한 처리구의 토양에서는 각각 평균 2.8×10^6 cfu/g과 5.3×10^6cfu/g의 방선균을 관찰할 수 있었습니다. 따라서 퇴비 처리량이 많을수록 방선균 밀도는 증가하였습니다.

④ 토양 방선균 밀도와 수확량 비교

상추 시험 포장의 토양으로부터 방선균의 밀도를 조사하여 수확량과 비교한 결과, 총 방선균 밀도는 무처리구에서 4.7×10^5 cfu/g으로 완숙퇴비 두 처리구보다 약 10배 정도 낮은 밀도를 보였으며, 방선균 밀도가 증가할수록 상추의 수확량이 증가하였습니다.

처리구	퇴비 처리량(kg)	상추 수확량(kg)	총 방선균 밀도 105cfu/g	뿌리혹선충 지수 (0~5)
무처리구	0	12.6	4.7×10^5	4.1
퇴비 처리구	3	13.2	2.8×10^6	4.3
	10	14.9	5.3×10^6	3.4

◇ **표 3-1** 퇴비 처리량, 수확량, 총 방선균 밀도 비교

⑤ 상추 뿌리혹선충 발생에 따른 수확량

상추의 뿌리혹선충 발생에 따른 수확량을 조사하기 위하여 각 처리구의 상추를 수확하여 뿌리혹선충 지수와 수확량을 비교한 결과, 뿌리혹선충 지수가 증가할수록 상추의 수확량은 감소하였습니다.

⑥ 상추의 뿌리혹선충 발생에 따른 결주율 비교

상추의 뿌리혹선충의 발생에 따른 결주율의 변화를 비교하기 위하여 뿌리혹선충 지수와 결주율을 비교한 결과, 뿌리혹선충 지수가 높아질수록 결주율이 증가하는 것을 볼 수 있었습니다.

⑦ 토양 분석

완숙퇴비 처리량에 따른 시험 전과 후의 토양 성분 변화를 조사하기 위하여 처리 전과 후의 토양 샘플로부터 각 성분을 측정하였습니다. 시험 전 토양 성분 분석은 전체 시험구에서 무작위로 5군데의 토양 샘플을 채취하여 측정된 수치의 평균값으로 나타내었습니다. 작물의 수량과 품질에 영향을 미치는 유기물 함량은 시험 후 무처리구 0.76%, 완숙퇴비 3.3kg 처리구 1%, 완숙퇴비 10kg 처리구에서는 2.16%로 완숙퇴비 처리량이 많은 처리구에서 높게 나타났습니다. 토양 보비력을 알 수 있는 양이온 교환용량(CEC)도 완숙퇴비를 많이 처리한 처리구에서 높게 나타났습니다.

처리		산도 (1:5)	EC ds/m	유기물 %	유효인산 mg/kg	치환성(Cmol+/kg)			유효규산 mg/kg	CEC cmolc/kg
						칼리	Ca	Mg		
시험 전		5.21	1.13	1.36	273.46	0.57	5.14	2.38	113.21	11.35
시험 후	무처리	4.76	0.43	0.76	206.15	0.25	2.38	0.44	65.17	11.22
	완숙퇴비 (3.3kg)	5.07	0.45	1.00	248.00	0.13	3.57	0.47	79.52	10.67
	완숙퇴비 (10kg)	5.10	0.92	2.16	575.74	0.31	4.93	0.75	155.92	12.65

◇ **표 3-2** 완숙퇴비 처리 시험 전후 토양 성분 변화

2) 미생물 처리에 의한 둥근마의 수확량과 뿌리혹선충 발병도 비교

퇴비를 처리하지 않은 무처리구와 완숙퇴비(3kg)와 두 가지 미생물제제(세머루, 푸른세상)를 함께 처리한 각각의 처리구로부터 둥근마를 수확하여 무게를 측정한 결과, 무처리구에서 다른 두 처리구보다 수확량이 약간 많아 보이나 통계상 유의미한 차이는 없었습니다. 또한 각 처리구의 뿌리혹선충 발병도를 조사한 결과, 미생물제제를 함께 처리한 처리구에서 병 발병도가 현저히 낮은 것을 볼 수 있습니다. 무처리구에서 미생물을 처리한 처리구보다 수확량이 다소 높은 이유는 각 처리구의 뿌리혹선충 발병도와 둥근마의 모양으로 볼 때 뿌리혹선충의 감염 때문인 것으로 보이며, 무처리구의 둥근마는 미생물제제 처리구의 둥근마보다 모양이 좋지 않아 상품 가치가 떨어졌습니다. 무처리구와 비교해볼 때 완숙퇴비와 미생물을 함께 처리함으로써 뿌리혹선충에 대한 감염 피해를 감소시키는 것으로 판단됩니다.

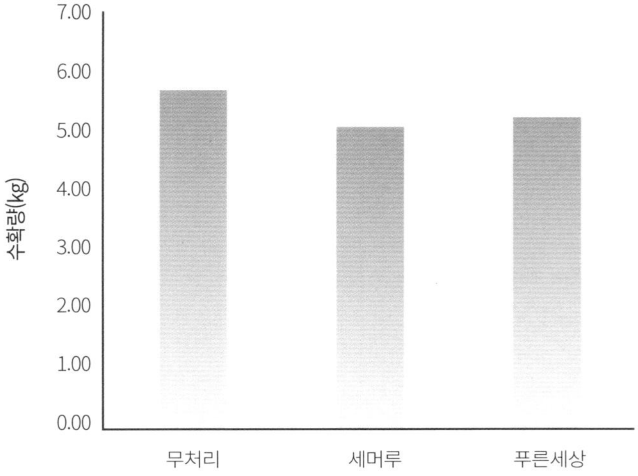

◇ 미생물 처리에 의한 둥근마의 수확량 비교

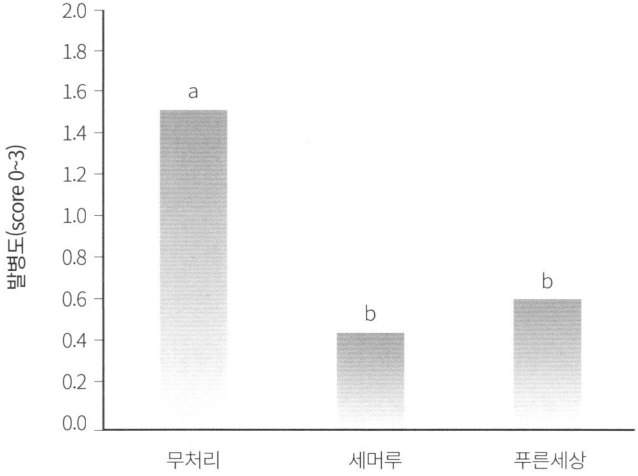

◇ 미생물 처리에 의한 둥근마의 병 발병도

◇ 정상적인 둥근마(왼쪽, 발효퇴비 10a당 3톤 시비하여 6개월 재배함)와 뿌리혹선충 피해를 입은 둥근마(오른쪽).

위 두 채소 작물에 대한 시험 결과, 농작물의 병충해 피해 중 가장 심각한 뿌리혹선충의 피해를 줄이기 위한 친환경적이고 효과적인 방법으로 완숙퇴비와 유용한 미생물을 함께 처리함으로서 배수가 잘 되고 보수력과 통기성이 좋은 토양유기물이 풍부한 토양을 만들어 뿌리혹선충의 발병을 현저하게 줄일 수 있음을 확인하였습니다.

4

연작장해의 해결책은?

1) 병충해 방제

병충해 방제로는 다음과 같은 방법이 있습니다.

① 완숙된 발효퇴비의 사용

완숙된 발효퇴비를 사용해 땅속에 있는 선충과 유해 미생물의 천적화를 도모하고, 파종이나 정식 시에도 방선균과 트리코델마 같은 천적 미생물을 침지(浸漬: 액체에 담가 적심)나 살포하여 병충해 예방을 합니다.

② 녹비작물을 이용한 방제

선충의 방제를 위하여 네마황, 네마장황, 들깨, 갓, 수단그라스 등 녹비작물을 심어 방제를 하기도 합니다.

◇ 네마황

◇ 네마장황

◇ 들깨

◇ 갓

◇ 수단그라스

알 아 봅 시 다

발효퇴비의 선충 천적

퇴비를 잘 발효시켜 사용하면 선충에 대한 3종류의 천적이 생깁니다. 첫 번째는 천적 미생물로서 방선균과 트리코델마(곰팡이)이고, 두 번째는 지렁이로서 분비물로 선충을 녹여 다시 섭취하며, 세 번째는 퇴비선충인데 퇴비를 고온으로 발효할 때 생기는 대형선충(포식성 선충)으로 기생성 선충(뿌리혹선충, 썩이선충)을 2주 동안에 1,300마리나 잡아먹는다고 합니다. 현재까지의 연구보고서를 찾아보면 톱밥과 계분으로 발효시킨 퇴비에서 제일 많은 퇴비선충이 발생한다고 되어 있습니다.

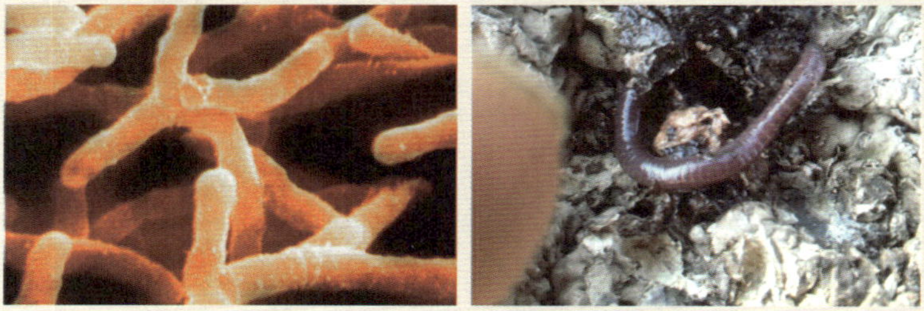

◇ 방선균(왼쪽: © GNU Free Documentation License)과 지렁이

바이러스 방제법

바이러스는 진디물이나 총채벌레 같은 곤충에 의해서만 매개되는 것으로 아는 농민들이 상당히 많은데 그렇지가 않습니다. 눈에 보이지

않는 땅속에서도 선충이 옮기는 바이러스가 14종, 곰팡이 종류가 옮기는 바이러스가 12종으로, 땅심이 나쁘면 발생합니다. 전 세계에 이에 대한 방제 농약은 현재로선 없습니다. 그러나 땅심을 살려 바이러스를 매개하는 선충과 곰팡이를 포식하거나 억제하는 방법이 있는데, 퇴비를 잘 발효시켜 천적 미생물인 방선균과 트리코델마를 많이 확보하는 방법입니다. 또 퇴비를 준 후 추가로 시중에 시판되고 있는 천적 미생물로 미리 예방하는 것도 좋은 방법입니다.

③ 밀기울(쌀겨)을 사용하거나 하우스 밀폐로 태양열 소독을 합니다.

밀기울 소독이나 태양열 소독을 한 후에는 반드시 유해한 미생물(병균)이 먼저 들어와 우점하지 않도록 소독 후 즉시 잘 발효된 퇴비와 유익한 미생물을 투입합니다.

선충류		덩굴마름병	
지표하 20cm 최저온도	사멸시간	지표하 20cm 최저온도	사멸시간
35°C 40°C 45°C	5일 12시간 1시간	45°C 50°C 55°C	6일 2일 12시간

◇ **표 3-3** 병원균 사멸 한계 온도와 기간

알아봅시다

배추무사마귀병(일명 뿌리혹병)의 주요 원인

배추무사마귀병은 일명 뿌리혹병이라고도 합니다. 작물의 뿌리에 기생하여 혹을 일으키는 것에는 4종류가 있는데 ①배추 뿌리혹병은 곰팡이가, ②근두암종병은 세균이, ③뿌리혹선충은 선충이, ④콩의 뿌리혹은 근류균(아조터박터)이 일으킵니다. 그중 농사에 유익한 것은 ④콩의 근류균밖에 없습니다.

지금 전국적으로 주산지에서 심각한 피해를 주고 있고 또 도시농업에서도 피해를 많이 주고 있는 배추 무사마귀병의 주요한 발병 요인을 보면,

첫째, 배수 불량한 토양의 습도 80% 이상인 곳에서 나타나고 45% 이하인 땅에서는 발병하지 않으며,

둘째, 토양의 pH가 6.0 이하인 산성인 땅에서 발생되며 7.2 이상인 곳에서는 발병하지 않습니다.

셋째, 토양유기물이 부족한 땅에서 많이 발생합니다.

넷째, 윤작을 안 하고 연작을 하는 땅에서 많이 발생합니다.

다음의 뿌리 사진 중 ①과 ②는 뿌리에 감염된 모습으로 농약으로도 방제할 방법이 없으며, 발병이 되지 않도록 땅심을 살리는 수밖에 없습니다. 사진 ③은 2년 동안 배추 대신 딴 작물을 재배한 후 다시 배추재배를 한 곳의 사진입니다.

◇ ① 배추뿌리혹병, ② 농약 친 것, ③ 2년 돌려짓기한 것

◇ 근두 암종병(세균)

◇ 배추무사마귀병

2) 염류집적 방지 및 제염 대책

① 비 또는 담수로 씻어내리기

휴작기간 중에 비 또는 담수로 염류집적된 것을 씻어내립니다. 토질에 따라 차이가 있으나 최소한 200㎜의 관수를 행하면 상당한 효과를 볼 수 있습니다. 비닐하우스나 노지에서 멀칭한 것도 휴작기에는 피복물을 벗겨서 관리합니다.

처리 \ 구분	관수 전 초장 (cm)	1개월 후 생육			
		가지수 (개)	총초장 (cm)	총초장 (cm)	엽폭 (cm)
관행(관수 5mm 5회)	12.3	2.0	128	3.8	7.8
관수(45mm 5회)	11.0	3.5	263	4.2	9.5
(대비: %)	(86)	(175)	(205)	(111)	(122)

◇ **표 3-4** 염류장해 토양 관수 효과(수박)

알 아 봅 시 다

유기물의 종류에 따라 알고 써야 한다

다음은 프랑스 파울로 씨 농장의 경우입니다.

이 농가는 일본 자연농법 국제연구개발센터에서 자연농법에 대한 교육을 받고 프랑스로 가서 자연농법에 필요한 자재인 보카시(혼합발효유기질비료)를 위주로 농사를 지었습니다. 그런데 보카시(유박이 주원료)를 10년간 너무 많이 넣은 탓에 염류집적현상이 나타나고 진딧물의 피해가 극심해졌습니다. 그동안 유기물을 무조건 많이 넣으면 좋다고 생각했는데, 그게 아니라는 것을 알게 되었다고 합니다. 그래서 오이의 제일 윗부분에 살아 있는 새순은 남기고 밑부분의 잎을 전부 다 훑어버린 뒤 물을 한 달 정도 관수하니 회복이 되어 수확을 하게 되었다는 경험담입니다. 이를 통해 이 농가가 얻은 교훈은, 농사도 자연의 순리에 따라 적당히 양분 관리를 해야지 인간의 과욕은 농사를 망친다는 것이었습니다.

유기물은 종류에 따라 차이가 있습니다. 유박은 탄질률이 낮아 화학비료와 같이 단기간에 분해가 되므로 빠르게 무기태로 이온화되어 작물이 흡수를 하거나 땅속에 집적이 됩니다. 아직도 유박을 퇴비로 알고 있는 농가가 상당수 있는데 그건 아주 잘못된 상식입니다.

그러나 톱밥 같은 소재로 만들어진 퇴비는 탄질률이 높고 리그닌 함량이 많아 쉽게 분해가 되지 않습니다. 그러면서도 보비력이 높아 땅속에 잔류된 양분을 볏짚보다 7배 정도 더 보존할 수 있고, 톱밥(목재류 전부)이 땅속에서 미생물의 작용으로 토양유기물(부식)이 되었을 때는 볏짚의 60배의 양분을 가질 수가 있어 지구상에서 이보다 더 높은 것은 없습니다.
순한 톱밥퇴비를 만들어 적정량을 매년 투입하면 수십 년간 연작을 해도 피해를 안 보는 이유가 여기에 있습니다.

② 톱밥류 등을 소재로 한 완숙퇴비 사용

비료 성분이 낮고 흡비력이 높은 소재(톱밥류)로 만든 완숙퇴비를 사용하여 토양 속에 과다하게 남아 있는 영양분을 흡수토록 하여 서서히 분해하면서 작물에 공급하게 합니다. (미숙된 가축분뇨는 가급적 사용치 않는 것이 좋음.)

③ 제염작물의 재배를 통한 잔류 염류의 흡수

제염작물인 옥수수나 수수, 총체벼, 수단그라스, 세스바니아 같은 흡비력이 강한 작물의 재배로 잔류 염류를 흡수토록 하는 방법으로, 여름철 고온기에 작물을 재배하여 벤 후 로터리를 쳐서 토양에 환원시켜주면 토양유기물 함량도 높이고 염류집적된 것도 낮추며 선충 방제에도 효과가 있습니다.

◇ 옥수수

◇ 총채벼

◇ 세스바니아

④ **화학비료의 합리적인 시비**

한꺼번에 많이 주지 말고 작물 생육에 필요한 적정량을 토양 분석에 의해 필요한 만큼 수시로 나누어 주는 것이 좋습니다.

⑤ **토양 수분의 적정 관리**

토양의 표면이 건조하면 땅 밑에 있는 염류들이 모세관현상으로 올라오게 됩니다. 이리되면 염류 농도가 높아져 작물이 피해를 받게 되고 미생물은 줄어들어 양분 흡수가 불량해지므로 적절한 수분 관리가 필요합니다. 관수 방법은 점적 또는 관수호스를 이용하여 이랑 위에서 관수하는 것이 근권의 염류집적을 억제할 수 있습니다.

⑥ **깊이갈이 및 심토반전**

하우스 재배에서는 약30~40㎝ 정도의 깊이갈이와 약60㎝ 정도의 속흙을 뒤집어주면 토양물리성 개선과 염류집적을 해소하는 데 효과가 있습니다. 보통 깊이갈이는 1년에 1회, 흙뒤집기는 2년에 1회 정도가 적당합니다.

처리	토양 염농도 (ds/m)	이상과율 (%)	오이 상품 수량 (kg/10a)
대비구	1.49	22.7	3,415(100)
물대기(30mm/5일)	0.96	13.9	3,835(113)
심토반전 60cm	0.77	7.5	5,343(156)

◇ **표 3-5** 오이 재배 시 뒤집기(심토반전)에 의한 염류장해 경감 효과

⑦ 객토 및 표토 제거

염류가 표면에 많이 축적이 된 경우에는 5~10cm 정도 두께로, 마사나 황토 등으로 토양의 상태에 따라 객토를 실시하거나 염류집적된 표토를 3~5cm 긁어내고 새로 조성된 척박지나 개간지의 흙으로 객토를 하면 좋을 것입니다. 이때 객토 작업을 한 땅에는 반드시 시비량 문제를 잘 헤아려 다루어야 합니다. 객토를 해도 기존 땅과 혼합이 잘 되지 않아 양분 관리가 골고루 이루어지지 않을 때는 상당 기간 농사의 피해를 볼 수 있습니다.

⑧ 논과 밭의 돌려짓기

벼농사가 가능한 시설 연작 재배지에서는 3년에 1회 정도 벼 재배를 하면 염류집적 해소와 선충 등의 방제 및 모든 연작장해 피해를 줄일 수 있는 좋은 방법입니다.

오이농사의 경우 주기적으로 3년에 1회 정도 벼 재배를 하면 아주 효과가 높고, 휴한기에는 년 1회 2주 이상 담수를 하여 흘러내려가도록

하고 볏짚도 되돌려주어 깊이갈이를 하면 염류집적으로 인한 연작장해 해소에 큰 효과가 있습니다.

유기재배를 하는 농토에서는 질소질의 확보를 위해 녹비작물(자운영, 헤어리베치 등)을 심어 윤작을 합니다.

⑨ 단기성 작물의 윤작 재배

시설 재배 후기작으로 생육기간 90~120일의 단기성 작물인 참깨를 윤작의 개념으로 재배하면 뿌리혹선충 밀도와 염류 농도가 현저히 낮아져 연작장해를 경감시키는 효과가 있고 특히나 인산집적 해소에 큰 효과가 있는 것으로 알려져 있습니다.

⑩ 미생물 처리

연작을 하면 토양 표면에 비료 성분이 허옇게 쌓이는 것을 자주 볼 수 있습니다. 이런 경우 작물 뿌리가 장해를 입어 고사하는데, 최근에 염류집적에 의한 피해를 줄일 수 있는 기술이 개발되었습니다. 벤처기업이 경상대와 공동 개발한 미생물(바실러스 오리지콜라 YC7007)의 경우 종자나 육묘 때 미생물을 처리하면, 식물 체내에 살면서 염류 농도가 높을 경우 식물의 염류를 밖으로 퍼내는 펌프 역할을 유도하여 고염류 토양에서도 정상적으로 식물이 생육할 수 있도록 해줍니다.

처리구별	10a 수량(kg)			상품과율 (%)	당도 (Brix)
	총수량	상품과량	수량지수(%)		
심토반전	3,800	3,200	137.9	84.2	13.5
답전윤환	4,300	3,850	165.9	89.5	13.8
담수처리	4,100	3,620	155.2	87.8	12.9
태양열소독	4,250	3,800	163.8	89.4	12.9
무처리	2,850	2,320	100	81.4	12.1

◇ **표 3-6** 토양관리 방법별 방울토마토 수량 및 품질 비교

3) 미량원소 결핍 해결책은?

① 퇴비 투여

미량원소의 공급은 맥반석, 제오라이트, 천매암, 일라이트 등 여러 가지 암석 분말을 퇴비 제조 때 투입하고, 또한 동시에 토양에도 직접 공급해줄 수가 있지만, 퇴비를 넣는 것이 제일 좋은 방법입니다. 특히나 재배된 작물의 수확 후 남은 사체(死體)를 다시 퇴비로 만들어 되돌려 주는 것이 작물에게는 최고의 보약이 될 것입니다.

과채류(수박, 참외 등) 재배지의 경우 수확 후 줄기나 잎을 건조시켜 태우는 경우가 많은데 이는 아주 잘못된 방법이며, 퇴비를 만들어 줄 경우 유기물 함량도 높아지겠지만 미량원소 공급에도 많은 도움이 됩니다.

국내 최고의 참외 생산지인 어느 농업기술센터에서 발행한 농업인 교육 책자에 이런 내용이 있습니다.

"참외 덩굴 소각은 교통장애, 호흡장애, 대기환경오염을 유발하고 도로변의 교통사고 위험과 주민 생활에 막대한 지장을 초래하므로 내 고장 이미지를 위해 덩굴 퇴비화에 다 함께 참여합시다."

소각으로 인한 문제가 심각하다는 것을 알리는 대목이라 하겠습니다.

또 수박으로 유명한 어느 곳에서는 봄만 되면 하우스와 하우스 사이에서 연기가 치솟는 것을 볼 수가 있습니다. 지난해에 작기를 끝내고 모아둔 잎과 줄기를 말린 후 태우는 연기인데, 한 농민은 이런 얘기를 했습니다. 하우스 밖에 잎과 줄기를 모아둔 몇 년 된 퇴비더미가 있는데, 그곳에다 하우스에서 심고 남은 모종을 버렸더니 그것이 자라나 하우스 안 것보다 훨씬 더 달고 맛좋은 수박이 되더라고 말입니다.

10a당 볏짚 생산량은 400~600*kg*입니다. 이 안에는 질소 4.3*kg*과 인산 5.7*kg*, 칼리 20.4*kg*, 규산 63*kg*, 유기물 174*kg* 등 합계 267*kg*의 무기질과 유기물이 들어 있습니다. 이것을 태우면 재로서 115*kg*밖에 남질 않습니다. 그런데 이를 퇴비로 만들면 약 1톤 정도의 퇴비가 되며, 각종 양분의 손실이 전혀 없고 유익한 미생물과 함께 되돌려주게 되어 땅심이 많이 좋아집니다. 볏짚뿐만이 아니라 고추대 같은 것도 역병, 탄저병, 바이러스에 걸린 것이라도 발효만 잘 시키면 전혀 전염될 문제가 없습니다.

퇴비를 1년에 10a(단보)당 최소한 1톤 이상 계속적으로 주고 있다면 미량원소는 별도로 주지 않아도 됩니다. 왜냐하면 퇴비 속에는 각종 미량원소가 다양하게 들어 있기 때문입니다. 우리가 아무리 미량원소를 열심히 찾아 구입해서 준다고 해도 땅속에 있는 수십 종의 미량원소를 원래대로 충분히 채워줄 수는 없습니다. 그리고 채소나 곡식, 과실 등에서 맛을 내는 화학비료는 칼슘, 인산, 마그네슘, 붕소인데, 이 4종류의 비료에다 퇴비를 더해주면 더욱 다양한 미량원소의 공급으로 맛과 저장성이 우수해집니다. 예로부터 퇴비를 주면 농산물의 맛이 좋다는 것은 이 때문입니다.

② 산풀을 베어서 넣기

퇴비를 만들 때나 생풀을 땅에 넣을 때 같은 풀이라도 미량원소에 차이가 날 수밖에 없습니다. 예를 들면 밭과 논둑의 풀은 1년에 몇 번씩 베어내지만, 산풀의 경우는 매년 베어내지 않고 한곳에서 계속 오래 자란 것이므로 잎과 줄기가 겨울에 말라 썩은 뒤 또다시 흙으로 돌아가고 해서 미량원소가 훨씬 많습니다. 옛날 우리 선조들이 논이나 인삼밭에 산풀을 베어 넣은 것도 이런 이유일 것입니다.

③ 나무 종류의 퇴비 이용

또 풀 종류보다는 한곳에서 수십 년간 수십 미터의 뿌리가 뻗어 각종 성분을 흡수해 갖고 있는 나무 종류가 훨씬 천연 미량원소가 많습니다. 연작장해의 문제 중 하나인 미량원소 결핍에 톱밥퇴비를 사용하면 해결되는 이유가 여기에 있습니다.

4) 기지(忌地)현상(일명 그루타기 현상)의 해결책은 윤작과 땅심을 살리는 것이다.

유기농업에서는 윤작을 필수적으로 하도록 규정하고 있는데, 유기농업뿐만 아니라 일반 농업에서도 윤작을 하면 기지현상을 막을 수가 있습니다. 윤작이 어려울 경우에는 땅심을 충분히 살려 피해를 줄이거나 막을 수 있는데 땅심을 살리는 방법은 이 책 6강을 참조해주기 바랍니다.

윤작(輪作)이란 작물을 돌려짓기하는 것을 말하며, 같은 땅에서 일정한 순서에 따라 종류가 다른 작물을 재배하는 경작 방식입니다.

구분	채소명
국화과	양상추, 머위, 셀러드채, 우엉, 쑥갓, 상추 등
가짓과	가지, 토마토, 피망, 감자, 고추 등
십자화과	무, 순무, 배추, 양배추, 꽃양배추, 브로콜리, 삼동채 등
오이과	오이, 수박, 멜런, 호박, 수세미 등
미나리과	당근, 피세리, 셀러리, 파더덕나물(미쓰바) 등
메꽃과	고구마 등
토란과	토란, 연뿌리 등
명아주과	시금치, 근대, 수송나물 등
장미과	딸기 등
백합과	파, 양파, 마늘, 부추, 아스파라가스, 락교(염교) 등
콩과	콩, 팥, 강낭콩, 완두, 결명자 등
화본과	옥수수, 조, 피, 수수, 벼 등

◇ **표 3-7** 동일 채소가 아니라도 성질이 같은 주요 작물

경작자의 편의대로 매년 같은 작물을 연작하게 되면 병충해의 피해를 심하게 당하게 되는데, 이를 피하기 위해 윤작을 합니다. 이때 주의해야 할 것은 똑같은 채소가 아니더라도 친한 것은 같은 성질을 갖고 있으니 그런 작물들은 연작을 피해야 한다는 것입니다.

이들 채소 중에서도 감자. 토마토. 가지. 완두는 4년 이상, 배추, 양배추, 양파, 오이는 3년, 무, 순무는 2년 이상의 간격을 띄우면 좋습니다. 연작을 해도 좋은 것은 시금치, 쑥갓, 참깨 등이 있지만 이것들도 윤작보다는 못합니다.

만약에 화본과 작물 → 근채류 → 엽채류 → 과채류 재배로 4년에 한 바퀴씩 돌릴 수가 있다면 아주 좋은 윤작이 될 것입니다.

윤작 외에 간작(혼작)이 있는데, 이는 함께 심어서 생육을 좋게 하거나 병충해를 막아주는 등의 효과를 보는 작물들을 섞어 심는 것입니다. 예를 들면 키가 큰 옥수수와 땅에 기는 호박을 함께 심으면 아주 합리적이고, 옥수수 밑에 오이와 멜런을 심으면 청고병을 막는 효과도 있다고 합니다. 또 양배추 옆에 토마토를 심어 배추흰나비 유충을 기피시킨다거나 토마토와 아스파라가스를 심어 서로가 해충을 예방하는 것 등 외에도 많은 방법들이 있으니, 이런 것들을 자가영농에 활용함도 좋을 것입니다.

윤작의 좋은 점을 적어보면 다음과 같습니다.

① 지력의 유지 및 증진에 효과가 있다.

유기물의 생산을 통한 토양유기물의 증진 및 근류균에 의한 공중질소를 이용합니다. 윤작을 할 때 화본과 작물, 특히 호밀 같은 종류는 유기물을 많이 생산하는 작물이라 토양유기물 함량을 높이고, 자운영, 헤어리베치 등 콩과 작물을 재배하면 근류균(근류균. 아조토박터 등)에 의한 공중질소를 고정시켜 땅속의 질소가 증가합니다. 따라서 토양 내 유기물과 질소를 증가시키려고 할 때는 화본과와 콩과 작물의 조합에 의해 관리하면 좋고, 동시에 토양미생물이 증식되어 양분의 공급을 증대시킬 수가 있습니다. 국내에서는 중북부 지역에서 헤어리베치를, 중부 이남에서 자운영 등을 재배하여 양분 자급도를 높이고 있습니다.

② 토양 개량과 수확량의 증대에 기여한다.

윤작은 토양의 물리성과 생물상을 개량시킵니다. 호밀의 경우 뿌리가 1m 이상 지하로 내려가므로 통기성을 좋게 하고 물리성을 개선시켜 작물 뿌리의 발육을 좋게 합니다. 또한 원활한 산소 공급으로 유익한 미생물들을 활성화시켜 토양양분의 유효화와 작물뿌리의 기능을 향상시켜줍니다. 그로 말미암아 양분의 공급능력이 개선되어 수확량이 증대됩니다.

③ 토양 속 양분의 균형 유지에 좋다.

작물은 윤작에 의해 양분 균형이 이루어지고 유지됩니다. 작물별로 양분 흡수 특성이 다르기 때문에, 그 서로 다른 특성을 고려하여 작물 종류를 선별 재배하면 과잉 양분의 흡수로 토양 내 균형이 이루어지고 시비량을 절약할 수 있습니다.

토양에 염류가 집적된 토양은 맥류 또는 옥수수와 같이 양분을 많이 흡수하는 화본과 작물을 심는 것이 양분을 효율적으로 이용하는 합리적인 방법입니다.

채소 연작 토양에서는 질소, 인산 등의 염류 농도가 높아지고 고토와 칼리의 비율 등 염기성 비료의 균형이 악화되고 있으니, 양분 흡수량이 많은 옥수수를 비롯한 화본과 작물을 재배하여 양분의 균형을 맞추어 비효를 증대시키고, 유기물을 토양에 환원하여 유기물 함량을 증대시키는 것이 중요합니다.

④ 병해충을 경감시킬 수 있다.

윤작에 의해서 토양병 해충을 경감시킬 수 있습니다. 토양병 해충은 주로 토양전염성 곰팡이나 선충이 대부분을 차지하고 있는데, 선충은 기주 특이성에 의해 유전적 관련성이 먼 작물과의 윤작으로 감소시킬 수 있습니다. 선충 같은 경우는 잎들깨나 갓, 네마황, 네마장황, 메리골드 같은 작물의 재배로 방제가 가능합니다.

그리고 토양 병해의 방지도 유기물의 보급으로 감소시킬 수 있습니다. 유기물이 풍부하면 토양미생물이 다양해지고 탄질률(C/N율)이 증가함에 따라 병원성 미생물이 필요로 하는 영양원이 감소하므로 토양 병해가 감소하는 경향을 보입니다.

작물 연작 시 토양미생물의 기주 특이성에 따라 토양미생물상이 단순해져 특정 병해 발생이 쉬워지는데, 이때 화본과 및 목초를 도입하여 토양유기물 증가와 토양양분 및 토양미생물의 조정을 통해 어느 정도 병을 경감시킬 수 있습니다.

⑤ 토양 유실 방지 및 잡초 경감의 효과가 있다.

동절기 및 휴작기간에 윤작을 도입하여 토양 유실을 방지하고 생산성과 토지이용성을 높일 수 있고 잡초의 경감 효과를 볼 수 있습니다.

⑥ 녹비 및 조사료의 공급에도 일조를 한다.

간작과 혼작에 의해 토양이용률을 높이며, 화본과 작물과 콩과 작물을 심어 녹비와 가축의 조사료로도 이용이 가능합니다.

⑦ 기지(忌地)현상을 막을 수 있다.

한곳에서 같은 작물을 계속 재배하면 그 작물만이 내어놓는 고유의 유기물이나 분비물이 있는데 이를 좋아하거나 싫어하는 특정한 미생물이나 소동물들이 많이 나타나게 되어 작물뿌리에 피해를 주게 됩니다. 그러나 잘 발효된 퇴비를 주거나 여러 작물을 윤작하면 다양한 미생물과 소동물의 다양성으로 이 기지현상을 막을 수 있습니다.

또한 미량원소(미네랄)의 결핍은 미생물이 작물 뿌리의 주위[根圈]에서 살거나 죽을 때 미생물의 작용으로 인한 대사산물이나 사체 속에 있는 미량요소의 흡수 등 기타의 작용으로 균형 있게 흡수가 되므로 해결이 됩니다. 그리고 작물 주위의 미생물이 뿌리에서 분비되는 유해물을 먹이로 하여 번식하는 때가 많으므로, 흙속에 미생물이 많으면 많을수록 뿌리에서 나온 분비물의 덩어리가 많다고 할 수 있습니다.

결론적으로, 흙속에 유기물이 많고 이것이 끊임없이 분해되는 과정 중에 있는 흙에서는 연작이 가능합니다. 단보당 톱밥퇴비를 3톤씩 넣어 하우스의 흙이 스펀지처럼 밟으면 튀어 나오는 형태로 만든 토양에서는 10년 이상 토마토-오이, 토마토-오이를 계속 연작해도 전혀 피해가 없다는 사례를 보면 이를 알 수 있습니다.

다음의 사례는 연작 피해를 입지 않고도 질 좋은 작물을 연작으로 재배하고 있는 경우입니다.

부산시 기장군 일광면에서 쪽파 재배를 하는 박재실 씨는 20년 전 건설회사에서 퇴직하고 고향에 내려와 현재까지 5,000평 규모의 쪽파를 매년 3회씩 재배하고 있습니다. 기장쪽파는 동래파전의 기본 식자재이기도 한데, 박 씨 농가의 쪽파는 품질이 좋아 농산물 공판장에 출하되기만 하면 경쟁자가 없을 정도로 단연 최고의 값에 판매되고 있습니다. 무엇보다도 쪽파 고유의 향이 짙고 맛이 좋을 뿐만 아니라 당도와 식감과 저장성 등 쪽파로서 갖추어야 할 조건들을 두루 갖추고 있기 때문입니다. 그런데 이 농가의 연작 재배 노하우는 다른 데 있지 않았습니다. 일반적으로 별도의 땅심 관리 없이 화학비료 위주로 농사를 짓는 다른 농가들이 매년 연작장해를 겪고 있는 것과 달리, 박 씨 농가는 자체적으로 톱밥퇴비를 만들어 지속적으로 공급하고 있었습니

◇ 박재실 씨의 기장쪽파(왼쪽)와 흙 관리(오른쪽). (2017. 2. 25.)

다. 지역 특산물인 기장쪽파 중에서도 그의 쪽파가 단연 인기를 누리게 된 비결은 바로 땅심 관리에 있었던 것입니다.

토양생물과 미생물의 이용

4강

1

토양 생물의 종류

토양은 식물 생장에 필요한 중요한 영양분을 공급할 뿐만 아니라 생육 과정에서 광합성 산물을 뿌리를 통하여 배출함으로써 토양에 살고 있는 다양한 생물들의 먹이를 제공하는 서식처이기도 합니다. 토양에는 세균, 방선균, 곰팡이, 조류, 바이러스 등 미생물과 아메바, 선충과 같은 원생생물, 각종 곤충류인 절지동물 및 지렁이와 같은 환형동물 등 수많은 생물체가 생태계를 이루어 살고 있습니다. 이 중에서 눈에 보이지는 않지만 미생물들의 총량(1~10톤/ha 토양)은 다른 모든 생물종을 합친 생물량보다도 훨씬 많으며, 토양 생태계의 기본을 이루고 있다고 할 수 있습니다.

2

주요 미생물의 종류

토양 중 미생물은 지역과 계절, 작물 종류에 따라 분포 정도가 다르지만, 보통 배양 가능한 세균이나 곰팡이는 103~1,010개(/g 토양)로 조사되며, 이는 전체 미생물 량의 1% 미만으로 나머지 99%는 배양되지 않는 것으로 생각됩니다. 농업에 응용되는 중요한 미생물은 다음과 같습니다.

알 아 봅 시 다

자연 상태의 흙과 화학물질을 사용한 흙의 미생물 비교

자연상태 흙의 미생물은 유익한 미생물과 유해한 미생물이 균형을 이루고 있지만 화학물질인 농약(제초제포함)과 화학비료를 많이 사용하면 미생물들이 사멸되고, 얼마 후 그 농도가 낮아지거나 없어질 무렵에 땅속의 유기물을 먹고 미생물들이 또다시 증식되곤 하는데 이런 과정을 반복하면서 현재 농토의 미생물 숫자가 적어졌습니다. 땅속에는 중심을 잡아주는 중간 미생물이 있는데 유해한 미생물이 많을 때는 그 쪽의 편을 들어준다고 합니다.

◇ 자연상태 흙의 미생물

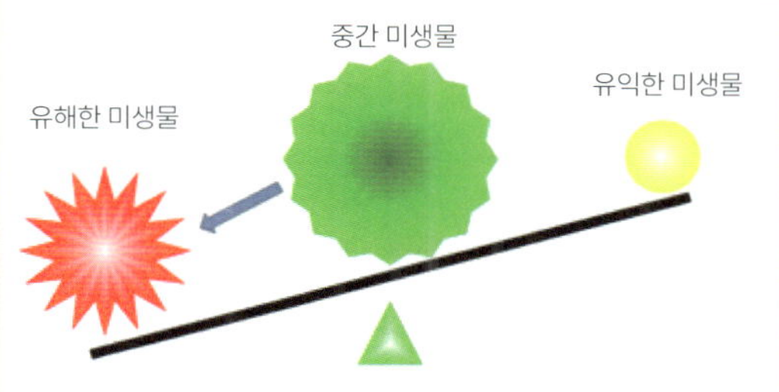

◇ 화학물질을 많이 사용한 흙

1) 유산균(乳酸菌)

이 세균은 공기 (산소)가 있거나 없거나 관계없이 20~40℃에서 대단히 빠른 속도로 자라며, 배양 과정 중 젖산을 생산하므로 젖산균으로도 불립니다. 우리가 식품으로 흔히 먹는 요구르트, 김치 및 막걸리의 주요 미생물이지요. 유산균은 배양 중 산도를 낮추고 (pH 4) 과산화수소 (H2O2)를 생성함으로써 병원성 유해 미생물의 증식을 억제하며 각종 생리활성물질(비타민, 아미노산, 핵산 등)과 항균물질 등을 생성함으로써 가축의 경우 장내 미생물상 안정화, 사료 효율 증가, 내병성 증가 효과를 나타냅니다. 김치나 엔실리지(담근먹이)의 제조 및 사료 첨가제로도 이용됩니다. 작물의 경우 토양 인산의 가용성과 각종 비료의 활성을 높여 생육을 촉진시키며, 각종 액비 제조 시 발효에 활용됩니다. 가장 흔히 사용되는 균주는 간균(桿菌)인 락토바실러스 아시도필루스(*Lactobacillus acidophilus*)와 구균(球菌)인 스트렙트코커스 락티스(*Streptococcus lactis*) 등이 있습니다.

2) 효모(yeast)

효모는 우리 생활에서 뗄 수 없는 단세포 곰팡이로서 쌀겨, 밀기울 등 농가 부산물인 유기물의 분해 능력이 뛰어나며 당을 알코올과 탄산가스로 변화시키므로 빵과 술 제조에 사용됩니다. 산소가 없는 악조건에서도 발효 능력이 우수하여 유기물 분해 시 열 발생의 주요 원(源)인 미생물로, 공기가 있으면 더 잘 자랍니다. 따라서 축사 바닥 등 악취가 발생하는 곳에 살포하면 일시적으로 악취 제거 효과도 있습니다. 또한 아미노산, 비타민 등 작물 및 가축 성장에 필수적인 성분을 다량 생산하며 사료의 기호성을 높여줍니다. 가장 많이 사용되는 균주는 사카로미세스 세레비시아(*Saccharomyces cerevisiae*)입니다.

3) 방선균(actinomycetes)

방선균은 세균의 한 종류로 다른 세균과 달리 생장 시 곰팡이 균사와 같은 실 모양으로 자라므로 방사선(放射線) 균이라고도 합니다. 수많은 종류가 사람 및 동·식물의 유해한 병원성 세균과 곰팡이 등을 억제하는 항생물질을 만들어내는 유익균입니다. 토양 내에서는 식물병원성 곰팡이의 천적 미생물로서 병원균을 죽이거나 생육을 억제시키는 역할을 하며, 퇴비를 많이 넣은 토양의 병해 억제 능력도 바로 방선균에 의해 생성된 여러 종의 항생물질이 주요 역할을 하는 것으로 알려져 있습니다. 퇴비 발효 시 내부 온도가 60~70℃일 때 퇴비 내 우점 미생물은 고온성 세균과 고온성 방선균이며, 부식질(humus) 함량이 높은 잘 발효된 퇴비나 유기물이 많은 토양은 방선균의 밀도가 높은 특징이 있습니다. 흙의 고유한 냄새는 바로 이 방선균의 냄새이기도 합니다. 버섯 배지를 살균 후 발효시키는 이유도 방선균을 배양하기 위한 것이며, 방선균 배양이 잘 된 배지는 버섯 종균 접종 후 활착 과정에서 잡균의 오염이 거의 없게 되는 것도 널리 알려진 사실입니다. 수많은 방선균 중 호기성으로 가장 많이 이용되는 균주는 스트렙토마이세스(*Streptomyces*)로 이 속의 균주를 이용한 제품이 개발, 판매되고 있습니다.

4) 곰팡이(fungi)

우리에게 가장 익숙한 곰팡이는 메주나 된장 발효 때 나타나는 누룩곰팡이(*Aspergillus* 속)와 푸른곰팡이(*Penicillium* 속)입니다. 곰팡이는 세균이나 효모에 비하여 생육 속도가 느린 편이며, 일반적으로 섬유질 분해 능력이 우수하여 톱밥이나 볏짚과 같이 섬유질 성분이 많은 유기물을 1차적으로 잘 분해합니다. 미강이나 밥 등과 같이 전분이 많은 생유기물이 있는 곳에서는 일시적으로 눈에 보이게 자라다가 다 분해되면 사라져버리는 당(糖)곰팡이류도 있습니다. 곰팡이가 식물 뿌리와 공생하는 것을 균근(mycorrizae)이라고 하는데 거의 대부분 작물의 뿌리와 밀착 생장하면서 토양 내 난용성 성분(특히 인산)을 흡수하여 작물에 제공하기도 하며, 또 뿌리 표면의 물리적 방어벽 역할을 하여 뿌리 병해를 방지하기도 합니다. 즉, 곰팡이는 종류에 따라서 작물에 병을 일으키는 것이 있는가 하면 병원성 곰팡이로부터 작물을 보호해주는 것도 있습니다. 이 중에서도 2000년대 초부터 식물병 방제 및 토양 개량제로서 가장 성공적으로 꾸준히 사용되고 있는 유익한 곰팡이는 트리코데마(*Trichoderma* 속)의 한 종으로 국립 경상대학교에서 개발된 트리코데마 하지아눔(*Trichoderma harzianum* YC459)입니다.

5) 광합성 세균

마치 식물처럼 햇빛을 이용하여 광합성을 할 수 있는 세균으로, 보라색과 녹색을 띠는 종으로 크게 나누어집니다. 균체 내 단백질 함량이 매우 높고 각종 비타민, 미네랄, 생리활성물질 및 항균, 항바이러스물질을 다량 생산합니다. 광합성 세균은 암모니아, 유화수소, 유기산 등 각종 악취 발생 물질을 섭취하면서 자라므로 악취 제거 효과가 있습니다. 광합성 세균은 가스 제거 역할도 수행함으로써 하우스의 미숙유기물 시용에 따른 가스 피해를 어느 정도 예방할 수 있으며, 또한 오염된 물의 정화 능력도 있어 양어장의 정수 처리용 미생물로도 사용되고 있습니다. 농업에서 이용되는 균주는 산소 유무와 관계없이 생장 가능한 로도슈도모나스(*Rhodopseudomonas*) 속 균과 절대혐기성 녹색유황세균인 클로로비움(*Chlorobium*) 속 균이 있습니다. 광합성 세균이 많은 토양은 안토시아닌 등 항산화성물질이 생성되어 이 물질이 많은 곳에서 재배된 포도는 상처 치유가 잘되고 잡균의 발생이 적어 부패가 안 된다고 하는데, 대표적인 곳이 일본 야마나시현(山梨縣)의 포도 주산단지입니다. 이곳은 발효퇴비와 생유박이 아닌 발효유박(보카시)과 미생물을 사용해서 토양 관리를 잘 하고 있다고 합니다.

6) 비티(BT)균

이 미생물은 1901년 일본에서 병든 누에로부터 처음 분리된 바실러스(*Bacillus*) 종으로 토양에서 흔히 발견되며, 바실러스 튜링겐시스(*Bacillus thuringiensis*)균의 학명 첫 자를 따서 BT로 명명되었습니다. 이 세균은 배양 중 균체 내에 단백질 독소를 만들어 해충, 특히 나방류(좀나방, 자벌레, 파밤나방, 명나방 등)의 유충이 이 독소를 먹으면 장이 파괴되어 죽게 됩니다. 이러한 효과를 이용하여 1980년대 이후 미생물 살충제로 많이 사용되고 있으며, 최근에는 토양 선충이나 모기 유충을 죽이는 B/T균도 개발되고 있습니다. 이 균주의 독소 단백질을 합성하는 유전자를 식물체에 넣어 유전자를 조작한 살충성 식물(GMO)이 만들어져 세계적으로 많이 판매되고 있습니다.

7) 고온성 미생물

보통의 미생물들은 20~35℃의 온도에서 잘 자라는 중온성 미생물이지만 퇴비 발효 시 온도가 50~70℃의 고온으로 올라가면 중온성 미생물은 고온성 미생물로 대체되어 발효가 진행됩니다. 고온성 미생물로는 주로 세균과 방선균이 많으며, 일부 고온성 곰팡이는 40~45℃에서 생장할 수 있으나 대부분의 곰팡이는 40℃ 이상으로 온도가 오르면 생장이 멈추고 사멸합니다.

8) 질소 고정균

모든 식물체는 대기 중의 질소를 질소원으로 직접 이용할 수 없으므로 토양 중에 존재하는 암모니아태, 질산태 또는 아질산태 질소를 흡수하여 생육에 사용합니다. 작물 재배 시 뿌려주는 질소비료는 거의가 화학적으로 합성된 것이지만, 자연에서 공기 중의 질소를 고정함으로써 질소분을 섭취하는 작물이 많이 있습니다. 주로 콩과 작물에서 잘 관찰되지만 대부분의 작물이 다양한 질소 고정 세균과 공생관계를 형성하여 대기 중의 질소를 작물이 이용할 수 있는 형태로 만들어줍니다. 콩과 식물 외에도 공생관계가 아닌 자유스러운 질소 고정 세균이 여러 종 있으며, 이러한 종을 미생물 비료로 이용함으로써 화학 질소비료 시비량을 감소시킬 수 있습니다. 콩과 식물 뿌리에 보면 혹이 달린 것을 쉽게 볼 수 있는데, 그 속에 리조비움(*Rhizobium*)속 균주가 있고 다른 작물 뿌리에서 자유스럽게 생존하는 아조터박터(*Azotobacter*) 속이 있습니다.

3

농업 미생물의 활용과 작용 기작

앞에서 농업에 흔히 활용되는 미생물들의 종류에 대하여 기술하였는데, 여기에서는 이러한 미생물들이 생태계 내에서 어떻게 작용하는지 그 기작에 대하여 간략하게 설명하고자 합니다. 농업 생산에 사용되는 미생물들은 동·식물과의 상호 작용을 통하여 작물 생산에 직·간접적인 영향을 미치며 아래와 같은 작용이 잘 알려져 있다.

구분	효능	비고
바실러스	- 포자 형성(생존력이 강함) - 항균펩타이드 형성 - 식물병원균 생육 억제 - 나방류 살충 효과	- 유기질비료 - 퇴비
유산균	- 젖산 분비 - 유기산 생성 - 토양 중 인산 활성화 - 식물의 생육 촉진	- 유기질비료 - 액비

광합성균	- 나선형 모양 - 가스장해 해소 - 발근 촉진 - 카로티나이드 색소	- 액비(배양)
효모	- 유기물 발효(포도당, 단백질 분해) - 식물 생육 촉진 - 가축 기호도 증진과 영양 공급	- 유기질 비료
곰팡이	- 유기물 분해(셀루로즈) - 병원성 곰팡이 중복기생(트리코델마) - 인산 가용화 능력(페니실륨)	- 유기질 비료
방선균	- 유기물 분해(리그닌) - 식물병원균 억제 - 항생물질 생산(의약항생제 생산) - 흙냄새	- 유기질비료 - 퇴비

◇ **표 4-1** 농업에 이용되는 주요 미생물

구분	병명	비고
병원성 곰팡이	역병, 탄저병, 흰가루병, 노균병, 입고병, 시들음병, 근부병, 잿빛곰팡이병, 문고병, 도열병 등	식물 병의 90% 이상 해당
병원성 세균	청고병, 무름병 등	발생 시 관수 억제
바이러스	오갈병, 빗자루병, 모자이크병	번식은 세균보다 빠름. 약제 없음

◇ **표 4-2** 유해 미생물

1) 미생물의 작용 기작

① 유기물 분해 및 생성

토양에는 동·식물 유체, 즉 유기물이 많은데 이것들이 미생물에 의해 분해되어 식물이 필요로 하는 아미노산 및 무기질 공급원이 됩니다. 특히 유기물은 미생물 작용에 의하여 부식질(humus) 형성이 되며, 부식질은 토양 양이온(무기 영양분)의 함유 능력(CEC, 양이온 교환 능력)을 높이는 데 중요한 역할을 합니다.

② 퇴비 발효

퇴비는 주로 유기성 농림축산업 부산물을 호기성 발효시켜 만드는데, 이 과정에 수많은 미생물들이 관여합니다. 예를 들어 식물체의 주요 성분인 셀루로즈를 분해하는 미생물은 퇴비 발효 첫 단계부터 작용이 활발합니다. 미숙퇴비나 생유기물을 토양에 넣었을 때 특히 하우스 재배 식물이 시들시들 말라 죽는 경우가 종종 발견되는데, 이는 발효 과정에서 유기물이 분해되면서 뿌리 근처의 산소를 소모하여 혐기성 상태가 됨에 따라 뿌리털이 탈락되어 생기는 것이 원인입니다. 따라서 소위 가스피해 방지를 위해서는 혐기성 상태가 발생되지 않는 잘 부숙된 퇴비를 사용해야 합니다.

③ 식물병의 예방 및 방제

이상 기후로 인하여 눈·비가 많이 내려 습도가 높거나 온도가 맞지 않으면 여러 종류의 토양 및 공기 전염성 식물병이 발생합니다. 특히 토양 속의 병균은 밀도(주로 곰팡이)가 높아 화학농약으로는 방제가 어렵지만 완숙된 퇴비와 천적 미생물제제(트리코델마, 바실러스 등)로 효과적으로 억제할 수 있습니다. 이 미생물들은 병원균 생장을 억제하는 항생물질을 분비하거나 또는 병균 세포벽을 녹이는 효소(예: 키티나제)를 분비하여 병균을 억제하기도 합니다.

④ 해충 방제

앞 항목에서 설명한 BT제는 단백질 독소를 생산하는 세균으로, 이 미생물을 살포하면 섭취한 해충이 죽습니다. 이 세균 외에도 해충 표피를 뚫고 감염시키는 몇 종류의 곰팡이가 제품으로 개발, 미생물 살충제로 판매되고 있습니다.

⑤ 식물의 생육 촉진 및 당도 증가

많은 미생물이 여러 종류의 식물 생장 호르몬이나 비타민 등 생리활성물질을 형성하여 작물 생장을 촉진시키고 대사를 활발하게 함으로써 당도를 증가시킬 수 있습니다. 어떤 종류는 토양에서 고정된 영양분(예: 인산)을 녹여서 식물의 생육을 촉진시키므로 재배 시에 좋은 미생물 종류를 꾸준히 사용하면 상당한 수확량 증가 효과를 볼 수 있습니다.

⑥ 식물의 내건성· 내염성 강화

비가 오랫동안 오지 않아 건조한 기간이 계속되면 간척지나 화학비료를 오래 사용해온 하우스 토양은 염류집적으로 식물 생육이 부진합니다. 현재 이 문제를 해결하기 위해서는 새로운 토양으로 객토하거나 장시간 물에 담가 염류를 제거하는 것이 유일한 방법입니다. 최근 국립 경상대학교 연구진이 벼에서 분리된 새로운 공생 미생물을 벼 종자나 육묘 때 처리함으로써 간척지에서도 정상적으로 생육이 되게 하는 새로운 방법을 개발하여 실용화하였습니다.

⑦ 식물의 병·해충 면역성 유도

사람은 몇 가지 치명적인 병에 안 걸리도록 면역성을 얻기 위해 어릴 때 예방 백신을 맞습니다. 이처럼 식물도 면역이 생긴다는 사실이 최근에 밝혀졌으며, 마찬가지로 식물도 종자나 재배 초기에 미생물을 접종하면 병·해충에 대한 면역성이 생긴다는 것이 확인되었습니다. 대표적인 미생물로는 트리코델마와 바실러스가 있고, 이는 여러 작물에 사용되고 있습니다. 바실러스는 호르몬, 항생물질뿐만 아니라 휘발성 물질을 생산하여 토양 공극을 통하여 작물의 면역성을 유도하기도 합니다. 이러한 방법은 지상부에 화학농약을 살포하는 것보다 훨씬 적은 양으로도 방제 효과를 볼 수 있습니다.

◇ 토양이 아주 척박한 도시텃밭. 왼쪽 배추는 미생물 무사용, 오른쪽은 미생물(트라코델마) 사용.

2) 미생물 제품의 형태 비교

전국 농가를 다니다 보면 미생물을 사용해본 농민들마다 반응이 제각각입니다. 좋은 효과를 보았다는 농민이 있는가 하면, 일부 농민들은 전혀 효과가 없더라는 얘기도 합니다. 그래서 어떤 미생물제를 몇 번씩 어떻게 사용하느냐고 물어보는데, 그 답을 들어보면 이유를 알 수 있었습니다.

① 물로 된 미생물 제품

시중에서 판매되는 미생물제의 대부분은 물(액체) 상태입니다. 이러한 제품은 액비를 만드는 과정과 비슷하여 발효기에 배양액을 넣고 종균을 접종하여 2~3일간 배양하여 포장하기 때문에 제조가 쉽고 경비가 비교적 적게 듭니다. 따라서 대부분의 영세한 제조업체들이 선호하는 제품 형태인데, 가장 큰 약점은 제품 유통과정 중 보관기간이 길어지면 대부분의 미생물이 죽어 없어져 막상 농민이 사용할 시점에는 밀도가 아주 낮아 효과가 떨어진다는 것입니다. 그러므로 액체 상태의 미생물제는 제조 즉시 사용하는 것이 가장 효과적입니다.

② 분말 미생물 제품

분말로 된 제품은 미생물 배양 후 휴면시켜놓은 상태이므로 보존기간이 길어 오랫동안 두어도 밀도가 떨어지지 않아 막상 농민이 사용할 때 좋은 효과를 낼 수 있는 큰 장점이 있습니다. 반면에 분말로 만들기 위한 특수한 기술과 시설이 필요하여 제조 경비가 많이 들기 때문에 영세한 업체가 도입하기 쉽지 않은 형태입니다. 분말 제품에 들어있는 미생물들은 특히 하우스나 장마기 등 수분 농도가 높은 환경에서 병원균이 발생할 때 동시에 휴면에서 깨어나서 활동하므로 좋은 효과를 볼 수 있습니다.

3) 미생물의 효과적인 활용법

① 예방 위주 사용

미생물을 농업에 사용하여 좋은 효과를 보기 위해서는 꼭 갖춰야 될 조건이 있습니다. 농사에 성공한 분들이 공통적으로 하는 얘기가 땅심이 살아 있는 곳이 미생물제의 병·해충 방제 효과가 좋다는 것입니다. 땅심을 높이는 데 가장 중요한 첫 번째 요소가 흙속의 충분한 유기물, 즉 퇴비입니다. 뿌려준 미생물의 먹이와 집이 있어야 그 효과를 낼 수 있는데, 퇴비를 주지 않거나 조금씩 준 탓에 연작으로 땅이 나빠져 병균 미생물 밀도가 아주 높은 곳에다 유효기간이 지나 이미 사멸되었거나 밀도가 낮은 미생물 제품을 사용하면 효과가 있을까요? 병·해충 방제를 효과적으로 하기 위해서는 화학농약과 마찬가지로 발생시기를 전후하여 여러 차례 적절하게 처리해야 합니다. 병·해충 발생이 심해지고 난 후에는 아무리 농약이나 미생물제를 처리하여도 효과를 보기가 어려우므로 항상 예방 위주로 처리를 해야 하지만, 많은 농가에서 발생 후 처리함으로써 만족할 만한 효과를 얻지 못하고 있습니다.

② 잔류 농약이 없는 천연작물보호제

2019년부터 PLS가 전 작물에 시행되는데, 잔류 농약 걱정도 없고 환경도 살리는 미생물제의 적극적인 활용이 필요합니다. 지금 농사에서 화학농약에 대한 병균과 해충의 저항성 발생은 어제 오늘만의 것이 아닌 심각한 문제인데, 병·해충도 생명이므로 생태계에서 살아남기 위하여 저항성이 생기는 것은 당연합니다. 대부분 수십 년 전에 개발된 화학농약들은 몇 번 안 치면 저항성이 생겨 방제가 잘 안 됩니다. 이럴 때 미생물제를 한 번 씩 교대로 사용함으로써 저항성 발생의 고리를 끊어주거나 늦추는 효과가 있기 때문에, 대형 다국적 화학농약회사들이 최근에 엄청난 연구개발비를 들이면서 미생물제 개발에 진력하고 있습니다.

화학농약들은 거의가 저항성이 생기는 반면, 병·해충을 잡는 천적 미생물은 저항성 발생이 없습니다. 예를 들면 고양이와 쥐는 태초부터 지금까지 천적으로 변함이 없듯이 천적 역할을 하는 미생물도 마찬가지입니다. 그리고 미생물제는 유해 물질이 없는 안전한 물질로 구성되어 있으므로 살포 후 바로 씻어서 먹어도 됩니다. 앞으로 환경과 건강을 위해서 농사에 많이 활용해야 할 자재라고 생각됩니다.

③ 액비 사용 방법, 시기와 횟수

화학비료 사용을 줄이기 위한 방법으로 액비를 사용할 경우 직접 농가에서 제조하거나 지역 기술센터에서 배양하여 제공하는 미생물이 많이 있습니다. 사용 방법과 시기, 횟수는 토양 상태, 작물 종류와 계절에 따라 다르므로 각 농가의 경험에 따라 적절하게 사용하는 것이 좋습니다.

토양의
산도(pH) 관리와
양분의 균형 유지

5강

1

토양산도(pH)의 교정

건강한 작물을 키우기 위해서는 적정 산도(pH)와 양분의 균형을 유지하는 것이 매우중요합니다. 토양의 산도가 적정하면 땅속에서 분해 흡수가 어려운 인산질을 비롯해 각종 양분의 이온화가 쉽게 이루어져 흡수가 용이하게 됩니다. 그리고 미생물의 활성화로 흙이 좋아집니다. 양분이 칼슘(Ca), 마그네슘(Mg), 칼리(K)의 비율 5:2:1이 될 때 작물은 무분별하게 양분을 흡수하던 것에서 벗어나 선택적으로 흡수하는 조절 기능을 갖게 되는 이점이 있습니다.

1) 토양산도(pH)의 개념

pH란 용액 중에 수소이온(H) 농도를 측정하여 나오는 반응 값으로,

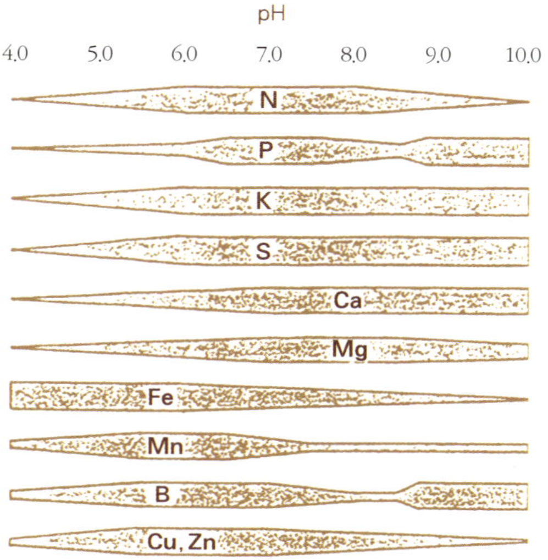

◇ 토양의 pH와 각종 양분의 가급성

산성의 정도를 말합니다. pH 값이 7이면 중성, 7 이하이면 산성, 7 이상이면 알칼리성입니다.

구분	pH 범위
아주 강한 산성(extremely acid)	< 4.5
매우 강한 산성(very strongly acid)	4.6~5.0
강한 산성(strongly acid)	5.1~5.5
약한 산성(medium acid)	5.6~6.0
매우 약한 산성(slightly acid)	6.1~6.5
중성(neutral)	6.6~7.3
알칼리성(mildly alkaline)	7.1~7.8
약한 알칼리성(moderately alkaline)	7.9~8.4
강한 알칼리성(strongly alkaline)	8.5~9.0
매우 강한 알칼리성(very strongly alkaline)	> 9.0

◇ **표 5-1** 토양의 pH 범위

2) 토양 pH의 중요성

① 토양 pH는 토양 속 각종 무기양분의 용해도를 크게 지배하여 수확량에 영향을 미칩니다.

구분	pH				
	5.4	5.8	6.5	7.1	7.5
옥수수	90	91	97	100	96
귀리	95	97	95	99	100
밀	78	82	93	100	98
보리	66	77	91	97	100
알팔파	61	68	81	97	100

◇ **표 5-2** pH와 작물의 수량비

② 토양의 pH가 4~5 이하로 내려가면 강산성 땅으로, 일반적으로 작물에 독성을 나타낼 정도로 가용성 알루미늄(Al)과 망간(Mn)의 농도가 높아집니다.

③ 토양의 pH는 토양 속 각종 미생물 생육에도 크게 영향을 미칩니다.

④ 농작물 생육에 적절한 토양의 pH는 논과 밭의 경우 6.5 정도입니다.

⑤ 토양의 pH가 중성보다 높아져 알칼리성이 되어도 작물 생육에 해롭습니다.

⑥ 강수량이 적은 지역에선 염류의 집적이 비교적 많아 토양의 pH가 높아지며, 석회의 집적이 많으면 pH가 8.5까지 올라갑니다. 또 토양의 pH가 9.0 이상이면 대부분의 작물들이 성장을 멈추거나 말라 죽습니다.

⑦ 작물에 따라 적합한 pH의 영역이 있으므로, 작물을 건강하게 잘 키우기 위해서는 토양 pH 관리가 매우 중요합니다.

2

토양의 산성화 원인은?

① 비가 많은 지역의 경우 염기(칼슘, 고토, 칼리) 성분이 유실되고 그 대신 수소이온이 땅에 흡착되어 산성화가 되고,

② 화학비료 중 유안(황산암노늄), 칼리(황산칼리) 등의 부(副)성분은 강산(황산)으로 토양의 염기 성분을 용탈시키고, 질소비료도 초산태로서 토양을 산성화시키며,

③ 최근에는 산성비와 자동차와 공장 매연에서 나오는 아황산가스도 산성화의 원인으로 증가되고 있고,

④ 토양유기물의 과부족으로 염기를 결합하여 양분을 보유할 수 있는 능력이 부족하여 산성화를 촉진하고 있습니다.

3

토양 산성화의 문제점은?

① 작물에 필요한 영양성분의 불용화나 불가급태 현상 초래로 인한 영양부족으로 작물 생육의 부진을 들 수 있고, 단독 작용보다 복합적으로 작용해 장해가 발생됩니다. 특히나 몰리브덴의 경우는 불가급화가 되기 쉽고,

② 토양 중 알루미늄과 망간화합물의 용해도가 높아져 알루미늄에 의한 뿌리의 기능 장해와 망간 과잉의 장해 등이 일어나 작물 생육에 해(害)를 줄 수 있으며,

③ 토양 속에서 양분 유실이 많은데 산도가 7에서 5로 낮아지면 비료 이용율은 인산이 66%, 칼리는 54%, 질소는 57%나 떨어지게 됩니다.

④ 유기산의 집적으로 유효 미생물의 발달이 억제되고 토양 병원균의 감염이 되기 쉽습니다.

⑤ 인산질의 불용화가 심해 인산염 피해를 빨리 입을 수 있습니다.

⑥ 수소이온 농도가 증가되어 작물 뿌리의 양분 흡수력이 약해지고 수소이온이 뿌리로 침입하여 식물체 내의 단백질을 응고 또는 용해시킵니다.

4

토양산도에 따른 화학비료 시비량과의 관계

토양산도(pH)	화학비료 시비량
pH 4 전후	100%
pH 5 전후	80%
pH 6 전후	60%
pH 7 전후	40~50%

◇ **표 5-3** 토양산도에 따른 화학비료 시비량과의 관계

이 표에서 보는 바와 같이 중성 토양에서의 비료 소요량은 산성 토양일 때의 절반 정도면 됩니다.

토양산도를 교정하는 친환경 농자재로는 석회보다는 땅이 굳어지지 않고 미량원소가 많이 포함되어 있는 패화석이 좋습니다.

5

토양산도 개량 비료의 종류와 알칼리 성분(%)

석회고토	소석회	생석회	용성인비	규산	썰포마그	패화석
53 (고토 15%)	60	80	40~50	40	25 (고토 18%)	40

◇ **표 5-4** pH 개량 비료의 종류와 알칼리 성분

10a당 10*cm* 깊이로 pH 1을 높이는 데 대강 필요한 석회량을 중화석회량이라고 합니다. 중화석회량은 성분 양으로 사질토 60*kg*, 일반토 130*kg*, 250*kg* 정도이나 pH가 같은 토양이라도 점질토나 부식이 많을수록 석회 소요량은 많아집니다.

6

작물별 적당한 pH 범위

구분	작 물 명	적정 범위
곡류	벼, 옥수수, 단옥수수	6.0~6.5
	보리, 맥주보리, 콩	6.5~7.0
유지류	참깨, 땅콩	6.0~6.5
경엽채소류	배추, 양배추, 파, 양파, 쑥갓, 양상추, 샐러리, 부추, 잎들깨, 치커리, 케일, 신선초, 브로콜리, 삼엽채	6.0~6.5
	시금치, 상추, 마늘	6.5~7.0
	감자	5.5~6.0
과채류	고추, 피망, 꽈리고추, 토마토, 오이, 가지, 방울토마토, 참외, 수박, 딸기, 호박	6.0~6.5
근채류	무, 열무, 비트, 당근, 생강, 고구마	6.0~6.5
과수류	사과, 배, 포도, 감, 복숭아, 밤나무, 유자 무화과	6.0~6.5 7.0~7.5

◇ **표 5-5** 작물별 적당한 pH 범위

7

양분의 균형 유지

흙은 작물이 필요로 하는 여러 가지 양분들을 갖고 있습니다. 이 양분을 어느 정도 보관할 수 있느냐의 능력을 양이온 교환용량(CEC, 보비력(保肥力)이라고 합니다. 흙이 갖는 양이온 교환용량은 30~70%가 유기물에서 나옵니다. 이 말은 우리가 농사를 지을 때 주는 비료가 유기물이 없으면 30~70%를 땅속에 보관할 수 없어 손실을 볼 수 있다는 것입니다.

우리나라의 토양은 이러한 양분 보관능력이 약합니다. 사람으로 비교하면 위장이 작다고 할 수 있는데, 모래땅의 양이온 교환용량을 대략 1*cmolc/kg*이라고 하면 양토나 사양토는 그 5배, 부식질이 많은 토양은 10배의 양분을 흡수하여 보관할 수 있습니다. 안타깝게도 미국 캘리포니아의 곡창지대는 양이온 교환용량이 32~58*cmolc/kg*인데, 한국의 농토는 평균 10*cmolc/kg* 정도로 미국의 1/3~1/5에 불과합니다.

양이온 교환용량이 작은 흙은 당연히 양이온 교환용량이 큰 흙보다 작물이 자라는 데 불리합니다. 양분을 한꺼번에 저장할 수도 없고, 산이나 알칼리에 의해 pH도 변하기 쉽기 때문입니다. 그렇다면 흙의 위장을 키울 수 있는 방법은 없을까요?

가장 손쉬운 것이 양이온 교환용량이 큰 유기물을 넣어주는 것입니다. 또 다른 방법은 양이온 교환용량이 큰 무기물인 제오라이트 같은 광물질을 넣어주는 것입니다. 그런데 여기서 알아야 할 점은, 유기물은 미생물의 먹이와 집의 역할을 동시에 하지만 무기물은 집(서식처)의 역할밖에 못 한다는 사실입니다. 그동안 수많은 토양 개량제가 효과가 좋다고 만들어졌지만 얼마 못가서 자취를 빠르게 감추고 하는 것은 이런 효과가 없기 때문입니다.

그리고 흙의 양이온 교환용량을 100이라고 할 때 칼슘, 마그네슘, 칼륨, 나트륨 성분(교환성 염기)이 얼마나 채워져 있느냐가 매우 중요합니다. 만약 이 4가지 성분이 50%를 차지하고 있다면 염기포화도가 50%라 할 수 있고, 나머지 50%는 수소나 알루미늄 등과 같은 다른 성분들이 붙어 있다는 뜻입니다. 화학적으로 좋은 흙이라는 것은 교환성 염기가 많이 붙어 있다는 것을 의미하며, 이를 알아보려면 염기포화도를 분석하면 됩니다.

염기포화도는 마른 흙 100g의 양이온 교환용량 가운데 교환성 염기가 얼마나 들어 있는지를 뜻하는 용어로서, 농업기술센터 등에 토양분석을 의뢰하면 발급되는 "토양분석 및 시비처방서"에 의해서 계산할 수 있습니다.

예를 들어 A농가의 흙이 양이온 교환용량(CEC)이 23.98cmolc/kg이고 교환성 염기가 Ca:17.77+Mg:3.38+K:0.09=합계 21.24라면, 염기포화도는 다음과 같이 계산합니다. 교환성 염기의 합(Ca+Mg+K)/양이온 교환용량×100, 즉 21.24/23.98×100=88.57%가 됩니다.

일반적으로 우리는 염기포화도가 높을수록 식물도 잘 자라고 품질도 좋아진다고 생각하는데, 반드시 그렇지만은 않습니다. 염기포화도의 적정선은 80% 정도가 가장 좋고, 질소가 붙을 나머지 20%가 있어야 합니다. 그리고 염기는 석회(Ca) 5 : 마그네슘(Mg) 2 : 칼륨(K) 1의 균형을 이룰 때가 가장 이상적입니다.

염기포화도는 밭에서는 보통 80%, 논에서는 60% 정도면 적당합니다. 염기포화도가 100%가 넘으면 가스장해나 농도 장해 및 질소 결핍 등 염류 문제가 발생하기 시작합니다. 이는 흙도 많이 먹으면 배탈이 난다는 뜻으로서, 무엇이든 지나치면 조금 부족한 것보다 못한 셈입니다.

또 화학비료를 많이 주어 염류가 집적된 곳에 전기가 잘 통하는 원리를 이용해서 염류의 농도를 측정하는 전기전도도(EC농도)가 있습니다. 이것이 2 이상이면 염류의 농도가 높아 농사가 잘 되지 않는다고 합니다. 그런데 최근 어느 유기재배 농가에서는 그 2배 정도인 4~5 이상인데도 농사가 그런대로 잘된다고 하는데, 이는 상대적으로 유기물이 많은 토양이라 보비력이 높아서 작물에 피해가 생기는 걸 막아주기 때문이라고 생각됩니다.

정리를 하면, 토양 속에서 유기물이 많으면 양분을 보관할 수 있는 능력이 많아 양이온 교환용량(CEC, 보비력)은 올라가고 전기전도도(EC)는 낮아지는 장점이 있습니다.

각종 흙이나 유기질의 종류에 따라 양이온 교환용량(보비력)이 다른데, 아래의 표를 참조하길 바랍니다.

구분	염기 치환용량(CEC)	비고
사질토	5 이하	비료는 조금씩 자주 줌
양질사토~사양토	5~10	
사양토~양토(토양유기물 2~3%)	11~15	
양토~식양토(토양유기물 3% 이상)	16~20	
식양토(토양유기물 5% 이상)	25 이상	

◇ **표 5-6** 토양별 양이온 교환용량(CEC) 비교(1)

구분	cmolc/kg
질 나쁜 점토	3~15
질 좋은 점토	80~150
양질의 토양부식	600
미숙된 부식	20
하천 모래	0
좋은 토양	20 이상
나쁜 토양	5 이하
한국 토양	10 정도

◇ **표 5-7** 양이온 교환용량(CEC, 보비력)의 비교(2)

구분	cmolc/kg
일반 목질류 수피	66.4
침엽수류 수피	51.1
일반 목질류 대팻밥	12.9
침엽수류 대팻밥	15.9
볏짚	9.9
맥류짚	15.3
밴토나이트, 제오라이트	70~100
목재류 완숙퇴비	70 이상
목재류 유효부식	600 이상

◇ **표 5-8** 각종 유기질 원료의 양이온 교환용량

위의 표에서 보면 각종 유기질 원료에 따라 양이온 교환용량(보비력)의 차이가 많이 나는 것을 알 수 있습니다. 볏짚의 양이온 교환용량이 9.9*cmolc/kg* 정도인데 톱밥퇴비 같은 목재류 계통의 완숙퇴비는 70 *cmolc/kg* 이상으로 볏짚보다 7배 정도의 차이가 나고, 또 목재류가 토양 미생물에 의해서 완전부식이 되었을 때는 600*cmolc/kg*으로 볏짚의 무려 60배가 됩니다. 그런데 볏짚은 리그닌 함량이 낮기 때문에 빨리 분해가 되므로 1년 정도 지나면 남는 양이 아주 소량이지만 톱밥, 수피, 파쇄목 등 모든 목재류는 리그닌을 다량 갖고 있어 최소한 6개월에서 5년 동안 내구성이 가지므로 지구상에서 이를 능가할 소재는 없습니다. 그래서 과다하게 시비가 된 토양의 염류집적을 줄이는 가장 좋은 방안 중의 하나가 비료 성분이 적은 톱밥퇴비를 만들어 적정량을 몇 년간 넣어주는 것입니다.

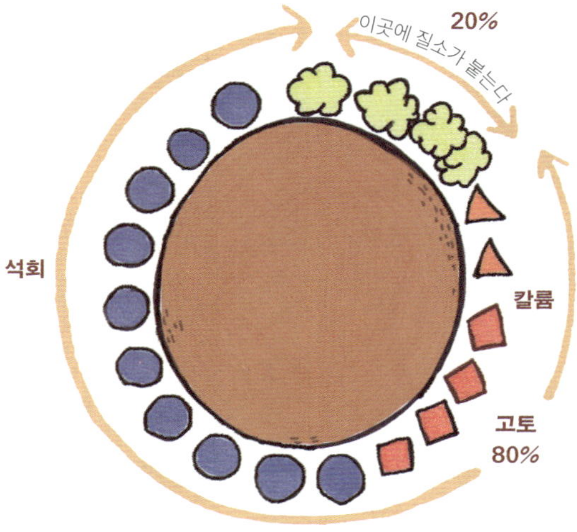

◇ 염기포화도 80%의 흙

염기나 암모니아를 잡는 양을 CEC(염기 치환용량)이라고 한다. 석회:고토:칼륨이 5:2:1의 균형을 이루는 것이 가장 이상적이다. 남은 20%에 질소가 붙을 수 있기 때문이다.

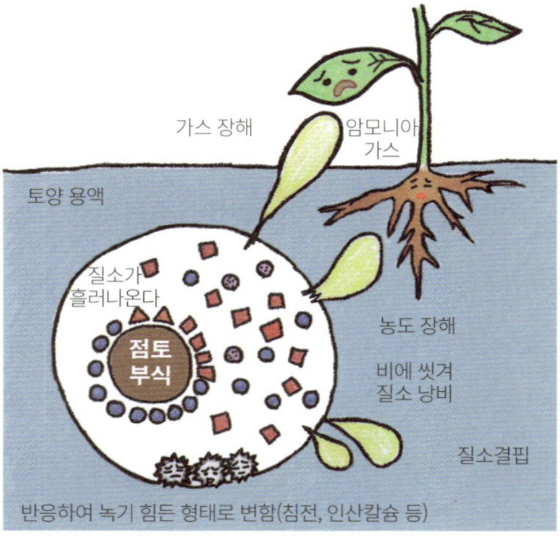

◇ 염기포화도 80% 이상의 흙

염기포화도가 80%를 넘으면 장해가 나타난다. 비료가 소용없게 된다.

땅심을 살리려면 어떻게 해야 할까?

6강

전국을 다니며, 친환경농업이든 일반농업이든 지속적으로 성공적인 농사를 지으려면 우선 땅심을 살려야 한다는 교육을 시작한 지도 10년이 훨씬 넘었습니다. 그리고 최근 몇 년 동안은 연간 100회 이상 순회 교육을 했으니, 발품 참으로 많이도 판 것 같습니다. 그러는 사이, 초기와 달리 땅심에 대한 관심이 많이 높아졌다는 것을 피부로 체감하게 됩니다. 초기에는 주로 연작을 해오던 시설원예 농가나 인삼 등의 특용작물 농가, 또는 오래된 과수원 같은 곳에서나 관심을 보였는데, 요즘은 산양 삼 재배를 비롯해 조경수 재배 농가까지 땅심에 대해 물어 오기도 하고 배우려는 의욕을 보이고 있습니다.

이전에는 땅심보다는 눈앞에 보이는 병충해 문제 해결에만 급급해 했는데, 그것은 땅심이 좋으면 병충해가 적어진다는 것을 몰랐기 때문일 터입니다. 그러나 시간이 갈수록 땅심을 바라보는 눈이 달라져가고 있습니다.

친환경농업을 한답시고, 땅심은 무시한 채 영양제나 미생물만으로 3~4년간 농사를 지어보고는 수확량도 떨어지고 품질도 나빠지자 우리나라에서 친환경농업은 안 된다면서 포기하는 농가를 다수 보았습니다. 반면에, 처음부터 땅심을 살려 친환경농업을 시작한 분들 중에는 현재 유기농업인증을 받았을 뿐 아니라 기술 수준을 상당히 끌어올려 높은 소득을 올리고 있는 분들도 많습니다.

좋은 땅심의 원리는 일반농업의 경우에도 그대로 해당합니다. 땅심이 나쁜 연작 피해지에서는 다른 곳과의 경쟁에서, 무엇보다도 품질과 수확량 면에서, 이길 수가 없습니다. 아무리 기후와 입지 조건이 좋다고 하더라도 땅심이 뒷받침되지 않고서는 절대로 성공할 수가 없기 때문입니다.

지금 우리의 농업은 상당히 어려운 환경에 처해 있습니다.

세계 각국과의 FTA 체결로 값싼 농산물이 몰려와 가격 경쟁에서 밀리고, 그렇다고 다른 판로를 뚫기도 쉽지 않고, 농촌의 고령화로 일손도 없을뿐더러, 농토는 농토대로 땅심이 떨어져 제대로 된 수확도 불가능해져가고 있습니다. 참으로 어려운 현실입니다.

그러나 길이 없지는 않다고 생각합니다. 지금은 오히려 위기를 기회로 바꾸는 절호의 타이밍인지도 모릅니다. 소비자들이 원하는 안전한 농산물, 건강하고 맛있는 명품 농산물을 생산할 수 있다면, 그것은 분명한 희망의 길이 될 수 있을 것입니다. 그리되면 국내 소비는 물론 인접 중국과 일본 등에도 수출이 가능할 것입니다.

하지만 잊지 말아야 할 것은, 이 모든 일은 땅심을 살리지 않고서는 절대로 불가능하다는 사실입니다.

친환경농업이든 관행농업이든 농사 순서의 첫 번째가 땅심 살리는 일이라는 데는 농업에 종사하는 분이라면 누구나 수긍할 것입니다. 그런데 이 땅심(지력)을 어떻게 높이고 유지할 수가 있는지에 대한 방법론에 들어가면 대답들이 구구각색입니다.

지력은 어떻게 살려야 하는 걸까요? 앞에서도 말했지만, 단지 비료를 많이 공급한다고 해서 지력이 유지되는 것은 아닙니다. 비료가 땅속에 들어가 좋은 효과를 발휘하려면 이미 흙의 구조가 좋은 상태로 존재해야 합니다.

흙의 구조를 좋게 하는 첩경은 유기질을 투입하여 떼알구조[團粒構造]를 만드는 것입니다. 즉, 작물의 생육을 돕는 좋은 미생물이 많이 살도록 조건들을 만들어주는 것입니다. 토양에 유기물을 넣는 것은 그것이 미생물의 먹이일 뿐 아니라 미생물이 살아가는 집(환경)이기 때문입니다.

비료학적 견지에서 흙을 분석하면, 비료 성분이 많을수록 비옥한 흙이라 할 수 있겠지만, 반드시 비료 성분이 많은 흙이 작물의 생산성을 높인다고는 볼 수 없습니다. 그보다는 흙 1g 중에 좋은 미생물이 얼마나 더 살고 있느냐를 따지는 것이 지력의 판정 기준이 될 수 있습니다.

땅심이 낮은 곳에서는 제아무리 노력과 수고를 가해도 좋은 품질과 수량이 절대로 나올 리 없습니다. 자재비 절감을 위해서도, 병충해를 줄이기 위해서도, 가장 우선되어야 하는 것은 땅심을 살리는 일입니다.

다음은 앨버트 하워드 경(Sir Albert Howard)의 『흙과 건강(*The Soil and Health*)』 중 일부 내용을 요약 발췌한 것입니다. 현대 농업이 안고 있는 여러 가지 문제, 특히 유기물 사용의 필요성에 대한 명쾌한 해답과 경고가 잘 정리된 글이라 옮겨봅니다.

"모든 생물은 태어날 때부터 건강하다. 이 법칙은 토양, 식물, 동물, 인간 등 모두가 예외일 수 없다. 이 네 종류의 건강은 하나의 사슬 고리로 연결되어 있다. 최초의 고리(토양)의 결함은 최후의 고리, 즉 인간에게까지 미친다. 근대 농업의 파괴 원인이 되는 식물이나 동물의 해충이나 질병은 이 사슬의 제2고리(식물) 및 제3의 고리(동물)들 건강의 큰 결함에 의한다. 뒤의 3개 고리의 결함은 제1의 고리인 토양의 결함에 원인이 있다. 토양의 영양불량 상태가 모든 것의 근원이다. 건강한 농업을 유지시킬 수 없으면 우리들이 위생이나 주거환경의 개선, 의학상의 발견에서 얻은 모든 이익의 전부를 없애버린다. 우리들은 자연의 지시에 마음을 두고 (1)모든 부산물을 토지에 환원시킨다. (2)동물과 식물을 동거시킨다. 이와 같이 스스로 자연의 법칙에 따르면 농업의 번영이 지속될 뿐만 아니라 자손의 건강이라는 측량할 수 없는 보수를 받을 수 있을 것이다."

1

땅심(지력)이란?

1) 땅심이란?

땅심이란 건강한 농작물의 생산과 생산량을 높일 수 있는 땅(흙)의 힘을 말합니다. 같은 지역, 같은 종류의 노지 또는 비닐하우스에 고추, 오이, 토마토, 딸기 등 열매채소나 포도 등의 재배를 하는 농민들 간에도 2배에서 심지어 5~10배 이상 수확량의 차이를 보는 경우가 있지요. 이런 차이를 보이는 것은, 물론 비배관리상의 기술적인 면도 있겠지만, 가장 중요하게 작용하는 것은 역시 땅심입니다.

2) 땅심이 좋은 땅이란?

땅심이 좋은 땅이란 틀림없이

첫째, 토양미생물이 조화를 이룬 땅입니다. 세균을 비롯해 방선균, 사상균, 조류(藻類), 원생동물 등 헤아릴 수 없는 다수의 토양미생물이 조화를 이룬 땅이지요. 또한 선충과 지렁이 등 각종 소동물이 함께 더불어 살 수 있는 땅입니다. 이와 같은 것들이 생산해내는 효소의 작용으로 흙속의 유기물과 무기물이 분해도 되고 입단(粒團)이 되기도 해, 생화학적인 생리작용을 할 수 있어 살아 있는 흙으로 만들어지는 것입니다.

둘째, 양분을 균형 있게 골고루 잘 흡수할 수 있는 땅입니다. 흙에다 화학비료나 유박 같은 유기질비료 등 영양분을 많이 공급한다고 해서 땅이 비옥해지는 것은 아닙니다. 비옥한 땅이란 식물이 건강하게 잘 자라는 데 필요한 모든 양분을 균형 있게 골고루 흡수할 수 있는 조건을 갖춘 땅을 말합니다.

셋째, 식물 뿌리가 땅속 깊이 넓게 퍼져서 양분 흡수가 가능한 땅입니다. 즉, 토양의 화학적·물리적·생물적 조건(물, 공기, 양분, 온도, 빛, 유해 미생물이 없을 것)이 잘 갖추어진 흙을 말합니다. 이런 땅에서는 생리장해도 예방할 수가 있지요. 이와 같은 토양의 조건을 갖추는 데 중추적 역할을 하는 것이 퇴비와 유기질비료의 주체인 유기물입니다. 지력의 모체는 곧 토양부식(토양유기물, 부식이라고도 함)인 것입니다.

공극율	고상	기상	액상
60%	40%	28%	32%

◇ **표 6-1** 작물 재배에 적합한 공극률(공기구멍)과 토양의 삼상분포

토양유기물함량	1.8%	2.0%	3.0%	3.5%	4%
공극율	45%	49%	56%	56%	60%

◇ **표 6-2** 식양토에서의 토양부식 함량과 공극률

* 토양유기물 함량이 1.8%일 때는 공극률이 45%이나, 4%가 되면 공극률이 60%가된다. 60%-45%=15%가 되는데 이런 경우 수확량이나 품질에서 차이가 나타난다.

3) 땅심이 좋은 흙의 구비 조건

땅심이 좋은 흙이란 다음의 조건을 갖추고 있는 흙을 말합니다.

첫째, 통기성(通氣性)이 좋아야 합니다. 식물 뿌리에서 호흡작용을 잘 하려면 산소를 충분히 공급할 수 있는 통기 상태인지가 중요합니다. 얼마 전 경상남도 농업기술원에서 시험한 바에 따르면, 콩밭에 굵은 막대기로 뿌리 부근에 구멍을 뚫은 곳이 그냥 놔둔 곳보다 수확량에서 13%나 더 증수되었다고 합니다. 농촌진흥청 자료에도, 굵은 막대기로 사방에 유공관 파이프 크기 정도로 구멍을 내었더니 시설 상추는 14%, 노지 봄배추는 16%, 노지 봄무는 7%가 증수되었다는 보고가 있습니다. 최근 도심에서 조경수를 심거나 농촌에서 과수묘목을 식재할 때 뿌리 부근에 유공관 파이프를 묻어주는 것도 통기성과 관계가 있습니다.

둘째, 보수성(保水性)입니다. 작물 성장에 필요한 수분을 넉넉하게

저장할 수 있는 조건인지가 중요합니다.

셋째, 배수성(排水性)이 좋아야 합니다. 큰비가 내릴 때 토양 속 수분의 과잉 상태가 되지 않도록 배수가 잘 되는 흙이라야 합니다.

넷째, 양분 보존이 잘 되는 땅이어야 합니다.

다섯째, 적합한 pH는 작물의 생육에 매우 중요합니다.

여섯째, 지온(地溫)의 유지가 중요합니다. 이를 위해서는 토양유기물이 많은 땅이어야 합니다.

위의 여러 가지 조건을 갖춘 흙은 한마디로 단립(團粒)구조의 흙, 즉 다공질로서 부드럽고 연한 상태의 흙입니다. 결론적으로, 지력이 좋은 땅의 판정 기준은 토양유기물 함량이 많고 유익한 미생물이 많이 서식하느냐 아니냐에 있다 하겠습니다.

그런데 흔히들 "흙은 살아 있는 생명체"라고 하면서도, "흙이 죽어가고 있다"는 말들을 합니다. 그렇습니다. 과다한 농약(제초제 포함)과 화학비료의 사용으로 땅이 신음하고 있습니다. 토양유기물 함량이 낮아지고 땅심이 떨어져 건강한 흙이 되지 못하니, 해마다 수확량은 줄고 병충해는 늘어만 가고 있습니다.

4) 좋은 땅의 구비 조건을 만드는 기본

지력이 좋은 땅의 구비 조건을 갖추는 기본은 무엇일까요? 그중 중요한 몇 가지를 알아봅시다.

첫째, 건강한 좋은 흙 1g 속에는 각종 미생물들이 2억 마리 이상 살고 있습니다.

그러나 현재 우리나라의 토양은 산성화와 오염으로 2천만 마리 정도밖에 남아 있지 않은 실정입니다. 토양 속 유기물은 토양미생물들이 분해하게 되는데, 볏짚이 땅속에서 1년 동안 분해가 안 되고 그대로 남아 있는 것은 이런 이유 때문입니다.

만일 미생물이 1,000종류 있다고 한다면, 그중 900여 종은 유익한 미생물, 100여 종은 유해 미생물로 분류됩니다. 유익한 미생물이 많으면 식물에게 중요한 아미노산을 비롯해 저분자핵산과 비타민, 호르몬 등을 분비하여 작물의 다수확은 물론 맛과 색깔, 향기, 저장성 증대 등 품질 향상과 양분 함량을 높여줍니다. 그러나 뿌리 주변에 유해 미생물이 더 많으면 각종 병을 일으켜 뿌리가 괴사하게 되므로 큰 피해를 보게 됩니다.

결국, 유익한 미생물이 많이 살 수 있는 땅을 만들어줄수록 그 땅은 좋아진다고 할 수 있습니다.

그렇다면 유익한 미생물이 많아지는 토양을 만들려면 어떻게 해야 할까요?

유기물이 많고 유익한 미생물이 많아야 된다고 하니, 볏짚이나 낙엽 톱밥 등 생유기물과 시판되고 있는 미생물들을 무조건 많이만 넣어주면 안 될까, 하고 묻는 농민들이 있습니다. 그러나 이는 참으로 위험

◇ 하우스에 볏짚을 대량 투입한 결과 시든 토마토. (부여의 토마토 농가. 2017. 2. 23)

한 발상입니다.

생볏짚을 넣으면 염류농도도 줄이고 토양유기물 함량이 높아져 땅심이 좋아진다며 한꺼번에 대량으로 투입하는 농가가 많습니다. 그 결과, 농사에 성공하기보다 실패하는 농가가 더 많게 되는데 그 이유로 몇 가지를 생각해볼 수 있습니다.

볏짚은 유기물이 많아서, 땅속에 질소가 부족할 경우 탄질비가 맞지 않아 분해가 안 됩니다. 땅심이 좋은 땅은 지력 질소가 많기에 문제

◇ 천적 미생물 2회 관주 처리하고 30일 후 완전 소생했다. (같은 농가. 2017. 3. 20)

가 없지만, 토양유기물 함량이 낮은 땅은 볏짚 1톤에 요소 10*kg* 정도를 함께 넣어주어야만 합니다.

미생물은 탄소(밥)와 질소(반찬)를 먹이로 하여 증식합니다. 그런데 만약 질소가 부족하면 미생물들이 볏짚을 분해할 때 작물이 먹어야 할 질소마저 빼앗아 먹게 되어 일시적인 질소 부족 현상이 일어날 수 있습니다. 그와 동시에 많은 호기성 미생물들이 발생하게 되어 땅속의 산소 부족으로 작물이 시들 수 있습니다.

그리고 신선한 미숙퇴비를 사용할 때에도 시들음병과 잘록병을 일으키는 푸사리움균이 달라붙기 쉽습니다. 반면, 완숙된 퇴비를 사용하면 천적 곰팡이균인 트리코델마가 잘 정착되어 병 방제를 할 수 있습니다. 완숙된 퇴비에는 이용 가능한 양분이 적기 때문에 모잘록병균은 트리코델마의 먹이가 되어 결국 트리코델마균이 우점하게 됩니다.

또한 호기성 퇴비의 발효과정을 보면, 초기에 공기가 잘 통하게 하는 산화 발효를 시킬 때 퇴비 원료인 유기물을 비롯한 풍부한 먹이를 이용해 2만여 종의 각종 미생물들이 다량 발생하게 됩니다. 이들이 장기간 활발히 활동하면서 혐기성인 미생물들은 사멸하게 됩니다. 그리고 최종적으로 안정된 2천여 종의 호기성 미생물들이 공생·잔존하게 되어, 농토에 투입할 때 분해가 덜된 퇴비를 자체 먹이로 하면서 기생성 미생물(유해균)들의 천적이 됩니다.

둘째, 토양의 유기물 함량이 문제입니다.

살아 있는 흙을 만들기 위해서는 최소한 토양의 유기물 함량이 3.5~5% 이상은 되어야 합니다.

토양유기물이란 부식이라고도 하며, 퇴비와 같은 유기물질이 토양 속에 들어가 각종 미생물의 분해 작용을 거친 뒤에 남은 유기물과 회분 그리고 미생물의 사체(단백질)가 합쳐진 복합체라고 할 수 있습니다.

토양유기물은 일반 흙 20배의 양분과 일반 흙 6~10배의 수분을 흡수 보유하여 서서히 토양과 작물에 공급해주고, 미생물의 먹이는 물론 활동을 도우며, 분해 시에는 미량요소를 포함해 각종 영양분을 공급하고 토양의 옷 역할도 합니다. 토양 중에 토양유기물(부식) 함량이 5% 정도 되면 토양 환경조건이 좋아져, 이때 다량 발생하여 서식하는 각종 미생물이나 지렁이 선충 등 토양 속 소동물들의 사체가 최소한 단보당 약 700~1,000*kg* 이상이 되는데, 이것들이 분해되면서 농작물

성장에 중요한 필수 영양소가 됩니다.

질소 성분을 예로 들어 계산해보면 이들의 사체(건물)를 최소치 700kg이라고 하면 이 속에 단백질량이 40%가 들어 있으므로, 곱하면 단백질량은 280kg이 됩니다. 이 단백질에는 반드시 질소 성분이 16%가 들어 있습니다. 단백질량에다 질소 함유량 16%를 계산하면, 10a(1단보)당 44.8kg의 질소가 확보된 셈이 됩니다. 이것을 지력질소라고 합니다.

우리나라의 현재 평균 유기물 함량은 논은 2.2%, 밭은 1.9%로서 필요한 토양유기물의 절반밖에 되지 않습니다.

작물이 필요로 하는 질소 성분의 경우 최소한 4~5% 이상의 토양유기물 함량을 유지해야만 질소질(화학비료)을 별도로 공급하지 않거나 아니면 유기질비료나 액비를 소량만 보충해주어도 농사가 가능해집니다.

셋째, 중금속(수은, 납, 카드뮴, 비소, 구리, 아연, 니켈, 크롬)이나 각종 오염물질(화학합성물질, 농약, 제초제 등)으로부터 오염이 안 된 땅이라야 안전한 먹을거리 생산이 가능합니다.

요즈음 지역특산물(양파, 수박, 인삼, 복분자, 복숭아 등) 주산지의 지도가 10년도 안 되어 바뀐다는 말들을 하는데, 이는 기후 관계보다는 땅이 나빠져 지속적으로 동일한 작물 재배를 할 수가 없기 때문이 아닌가 생각합니다.

땅이 죽어 있으면 제아무리 값비싼 영양제와 농약을 사용하더라도 효과가 제한적일 수밖에 없습니다. 농사의 모체는 어디까지나 땅이며, 건강하지 않는 땅에서는 지속적인 고품질·다수확을 할 수가 없습니다.

2

땅심의 기본이 되는 토양유기물이란?

먼저, 유기물과 무기물에 대한 설명이 필요할 것 같습니다.

유기물이란, 생물체를 구성하고 있는 물질 중에서 탄소를 포함하고 있고, 미생물에 의해 분해되며, 가열하면 연기를 내면서 검게 타는 물질입니다. 탄수화물, 단백질, 지방, 비타민 등이며, 각종 퇴비를 포함해 볏짚, 보릿짚, 낙엽 등이 이에 해당합니다. 한편, 무기물은 탄소를 포함하지 않은 양분으로서, 가열을 해도 타지 않고 변화도 없는 물질로, 물, 모래, 석회, 소금, 철, 구리 등입니다.

그러면 유기물과 토양유기물의 관계를 살펴볼까요?

볏짚이나 보릿짚, 낙엽 같은 유기물이 토양 속에 들어가면 토양 속 미생물들이 달라붙어 이를 먹이로 하여 분해를 시작합니다. 그리고 어느 정도 분해가 진행되고 나면, 난분해성인 리그닌이 잔재물로 남게 됩니다.

이때 생긴 미생물 또한 영원히 사는 것이 아니라 사멸과 발생을 반복하게 되는데, 이 미생물의 사체인 균체와, 유기물이 타거나 분해한 후에 남은 무기물이 회분입니다. 이것들의 일부가 합쳐져 만들어진 물질을 토양유기물 또는 리그닌단백복합체, 부식, 토양휴머스라고 합니다.

토양유기물이 만들어지는 과정에서 보듯, 일반적인 볏짚이나 보리짚, 낙엽 같은 유기물과 토양유기물은 분명히 차이가 있습니다.

어떤 유기물이든 넣으면 땅심이 좋아지는 걸로 알고 있는데 절대로 그렇지 않습니다.

3

연간 10a(1단보)당 토양유기물의 소모량은?

관행농사를 지을 때 우리는 주로 양분 위주로 따져, 수확 시까지 작물에 필요한 질소·인산·칼리에다 칼슘과 마그네슘 등 몇 가지를 더해 필요량을 계산하여 화학비료를 시비합니다.

그러나 사실 그와 같은 양분 투여는, 인간으로 치면 밥이 아니고 반찬을 주는 셈입니다.

필자는 땅심 살리는 강연을 하러 전국을 다니면서 이런 얘기를 시종일관 계속합니다. 병에 걸렸거나 몸이 약한 산모가 건강한 아기를 출산하기 어렵듯이, 농작물 생산의 모체는 땅인데 땅이 병들었거나 땅심이 약할 때 질 좋고 건강한 농산물을 생산할 수 있겠느냐고 물어보고는 합니다.

굳이 비유를 하자면, 땅에 대해 밥은 퇴비(유기물)이고, 반찬은 화학비료나 유박 같은 유기질비료이며, 국은 액비이거나 퇴비차를 말한다고 할 수 있습니다. 다시 정리를 해보면 퇴비가 기본이고 화학비료나 기타는 보조비료라는 얘기입니다.

요즘 세상에 건강보조식품과 비타민제 같은 영양제는 수도 없이 많습니다. 그러나 사람이 밥은 안 먹고 건강보조식품과 영양제만으로 건강을 유지할 수 없듯이, 식물도 마찬가지로 밥이 필요합니다.

구분	소모량	비고
1모작답(점질)	20~30kg	볏짚 우분퇴비 사용 200~300kg
1모작답(사질)	30~50kg	300~500kg
2모작답(점질)	50~60kg	500~600kg
2모작답(사질)	60~80kg	600~800kg
한지, 밭(점질)	40~60kg	400~600kg
한지, 밭(사질)	50~70kg	500~700kg
온난지, 밭(점질)	70~90kg	700~900kg
온난지, 밭(사질)	90~120kg	900~1200kg
비닐하우스(점질)	120~200kg	1200~2000kg
비닐하우스(사질)	180~240kg	1800~2400kg

◇ **표 6-3** 연간 토양부식(=토양유기물) 소모량의 비교

위의 표는 연간 10a(1단보)당 토양유기물이 소모되는 양을 적은 것인데, 논과 밭의 소모량이 틀리고, 사질이냐 점질이냐에 따라서 틀리고, 노지재배냐 하우스재배냐에 따라서 또 틀립니다. 온난지 사질토의 경우 단보당 토양유기물이 최소한 90~120㎏이 소모되므로 볏짚이나 왕겨퇴비로 환산하면 900~1,200㎏은 주어야만 현상 유지가 됩니다.

그런데 퇴비를 안 주거나 이보다 적게 주면 어떻게 될까요? 그만큼 땅심은 떨어지게 될 것입니다. 농촌진흥청 자료를 찾아보니 우리나

라 농토의 토양유기물이 한때 4.4%까지 되었을 때도 있었으나, 지금은 2~2.2%로서 땅심이 절반 수준으로 떨어져 볏짚을 투입하면 1년이 지나도 분해가 안 되는 곳이 있습니다. 땅심이 좋을 때는 유기물을 분해하는 토양 속 미생물과 지력질소(땅심질소)가 많지만, 이렇듯 땅심이 떨어져 있으면 그런 것들이 아주 적어 분해가 제대로 이루어질 수 없는 것입니다.

4

땅심을 빨리 살리는 방법은?

땅심이 좋고 나쁘냐에 따라 농사의 성패가 결정된다고 하니, 땅심을 어떻게 빨리 살리는 방법이 없을까 고민하는 분들이 참 많습니다.

앞에서도 언급했지만, 땅심의 판정은 토양유기물 함량과 유익한 미생물이 많은 땅을 좋은 땅이라 하고, 땅심을 살리려면 질 좋은 퇴비 사용이 제일 빠른 지름길이라고 했습니다.

재료	퇴적 시	완전부식 시(%)
볏짚	100	10.8
왕겨	100	12.8
보릿짚	100	13.2
유채대 · 채종대	100	15.4
청초 · 낙엽	100	15.8
갈대	100	20.0
톱밥	100	48.5

◇ **표 6-4** 퇴비 재료별 부식(=토양유기물) 비율(A)

위의 표(A)에서 보는 바와 같이 퇴비를 만들 때 어떠한 재료를 선택하여 사용하느냐에 따라 땅속에 잔류하는 토양유기물 함량이 달라집니다. 볏짚 1톤을 퇴비로 만들면 땅속에 남는 게 10.8%이고, 톱밥 같은 경우는 48.5%가 남습니다. 여기서 톱밥이라 함은 제재소에서 나오는 톱밥만 지칭하는 것이 아니라 원목이나 수피, 가지 등을 포함한 모든 파쇄목과 목재 부산물 전체를 말하는 것입니다.

톱밥 퇴비가 땅속에 많이 남게 되는 이유를 아래 표(B)를 보면서 설명하겠습니다.

유기화합물	건조한 성숙 식물체(%)	토양부식(%)
셀루로즈(섬유질	20~50	2~10
헤미셀루로즈(조섬유질)	10~20	0~2
리그닌(목질)	10~30	35~50
지방・탄닌・밀납	1~8	1~8
단백질	1~15	28~35

◇ **표 6-5** 신선유기물과 부식(=토양유기물)의 조성 비교(B)

보통 땅속에 남는 토양유기물의 주원료는 식물체인데, 식물체의 구성은 셀루로즈(섬유질), 헤미셀루로즈(조섬유질), 리그닌, 지방, 탄닌, 밀납, 단백질 등으로 되어 있습니다. 이 중에서 토양유기물로 제일 많이 남는 것이 표(B)에서 보는 바와 같이 리그닌입니다.

리그닌이란 셀루로즈 및 헤미셀루로즈와 함께 목재의 실질을 이루고 있는 성분입니다. 하등식물과 수중식물에서는 발견되지 않으며, 종자를 맺는 식물과 양치식물(고사리류), 일부 조류(藻類)에서 발견됩니다.

리그닌은 이들 식물의 조직을 지지하는 중요한 구조물질을 형성하는 유기(有機) 폴리머[1]의 일종으로, 보통 식물에서는 2차세포벽을 구성하는 물질 중 하나입니다. 쉽게 부패하지 않고 단단함을 제공하기 때문에, 목재 및 나무껍질의 세포벽 형성에서 매우 중요한 역할을 합니다.

잎(광엽수>활엽수) → 소지(광엽수>활엽수) → 수피(광엽수>활엽수) → 변재(광엽수>활엽수) → 심재(광엽수>활엽수)

◇ **표 6-6** 목재의 부패하기 쉬운 순서(→부패난이도 높아짐)

표(B)에서 보는 바와 같이 리그닌은 식물체 중에서 가장 난분해성입니다. 리그닌은 성숙한 풀의 줄기나 나무의 목질부 등 식물의 늙은 조직 중에 함유되어 있으며, 식물체의 유기화합물 중 생물적 분해에 대하여 저항성이 비교적 강합니다. 목재 상부로 갈수록 적어지고, 심재부(心材部)가 변재부(邊材部)보다 많으며, 추재부(秋材部)가 춘재부(春材部)보다 많고, 침엽수는 25~30%, 활엽수는 20~25% 정도 함유되어 있습니다.

신선한 유기물 속에 함유되어 있는 셀루로즈나 헤미셀루로즈는 토양미생물에 의해 비교적 간단하게 분해되어 2분의 1에서 10분의 1로 감소합니다. 그러나 난분해성인 리그닌은 거의가 토양 속에 그대로 남

---

1 폴리머(Polymer): 한 종류 또는 수 종류의 구성단위가 서로에게 많은 수의 화학 결합으로 중합되어 연결되어 있는 분자화합물.

습니다. 30만 종에 이르는 식물 종류 가운데 유기물을 구성하고 있는 탄수화물, 리그닌 및 단백질 함량이 같은 것이 하나도 없다고 합니다. 따라서 부식을 구성하는 유기물의 형태나 생성 속도, 점토와 결합하는 속도나 양에도 큰 차이가 있음을 추측할 수 있습니다.

리그닌을 철근 콘크리트 공사에 비유하여 설명한다면, 철근은 셀루로즈이고 시멘트 역할은 펙틴(당)이 하며, 모래, 자갈, 와이어 메쉬와 같은 자재 기능은 리그닌이 담당한다고 할 수 있겠습니다.

구 분	연간 시비량	연간 부식량	결 과	비 고
일반퇴비 (볏짚 원료)	1,500kg	150kg	10년 후 1% 증가	부식률 10% 기준
부숙톱밥 (톱밥, 파쇄목, 대팻밥, 끌밥, 수피, 전정목 등)	1,500kg	600kg	3~4년 후 1% 증가 (10년 후 3% 증가)	부식률 40% 기준

◇ **표 6-7** 퇴비 종류에 따른 토양유기물 함량 1% 증가 시의 비교(10a당)
(토심 12㎝ 흙의 중량 15만㎏)

이 표에서 보는 바와 같이 볏짚이나 왕겨를 사용해 만든 퇴비는 땅속에서 남는 비율이 10% 정도 되는데, 톱밥 같은 경우는 48%가 넘어 최소한 4~5배가 되므로 더 빨리 토양유기물 함량을 확보하게 하는 이점이 있습니다.

한 가지 예를 들어보지요. 김장 후에 우거지로도, 시래기로도 못 쓰는 배춧잎와 무잎 등은 폐기를 하게 됩니다. 그런데 이것들도 유기물인데 땅속에 넣으면 땅심을 살리는 토양유기물이 되지 않을까요? 그러나 이것들 속에는 셀루로즈와 헤미셀루로즈만 있고 리그닌이 없습니다. 10a(1단보)당 수십 톤 아니 수백 톤을 갖다 부어도 토양유기물 함량이 조금도 올라가지 않습니다. 한편, 전국을 다니다 보면, 농사를 짓지 않고 묵혀놓은 농지나 강가에 갈대가 흐드러져 있는 것을 보게 됩니다. 이 갈대는 볏짚보다 리그닌 함량이 2배 정도 많은 유기물로서 땅심을 살리는 데 좋은 소재가 될 수 있습니다.

짚이나 퇴구비는 땅속에서 6개월 이내에 분해가 되어 소실되나, 리그닌이 많은 톱밥퇴비는 볏짚보다 4배 이상 길게 퇴비 효과를 볼 수 있습니다. 그래서 짚을 수시로 찾아 쓰는 당좌예금이라고 한다면 톱밥퇴비는 장기간 예치해놓는 정기예금이라 할 수 있겠습니다.

현재 우리나라에서는 퇴비의 경우 시비해야 되는 양도 많고, 냄새도 나고, 인력도 없다는 이유로, 그 대신 사용하기 편리한 유박을 많이 사용하고 있습니다. 그러나 이에 대하여 국내외 농업기술지에는 다음과 같은 지적들이 실려 있습니다.

"우리는 계분이나 유박을 밭에 주면 유기질비료를 주었으니 토양유기물이 생겼을 것으로 생각하기가 쉽다. 그러나 계분이나 유박에는 리그닌이 없다. 따라서 그것들은 아무리 많이 주어도 토양에 토양유기물이 단 1g도 생기지 않는다." (흥농종묘(주), 『최신원예』, 76, 5월호)

"유기질비료(유박, 미강, 어분)는 탄질률이 10 이하로 낮기 때문에 분해가 빨라 토양 속에서 3개월만 되어도 대부분 남지 않아 토양유기물 생성에는 거의 효과가 없다. 또 유박, 미강, 어분 등 유기질비료와 퇴비와의 가장 큰 차이를 보면, 유기물을 사용하고 있으니까 토양은 척박해지지 않는다고 하는 것은 퇴비의 경우이고 유기질비료를 계속 사용하면 토양이 척박해지는 것을 막을 수가 없다." (일본 자연농법국제연구개발센터, 『보카시 제조방법』, 야마다 겐코. 2003)

그럼에도 많은 농가에서 매년 유박을 사용하여 피해를 보는 경우가 속출하고 있습니다. 대표적인 사례로, 하우스 1동(200평)에 퇴비를 사용한 토양의 pH가 6.5인데, 유박 200㎏을 사용한 곳에서 pH가 아주 많이 낮아져 상추의 생육이 정지되어 자라지 않는 경우를 들 수 있습니다. 유박은 탄질률이 낮아서 토양에 들어가면 빠른 분해 과정이 일어납니다. 이때 산소 부족으로 혐기적 상태가 되며, 유산균 등 혐기성 세균에 의해 산성의 유기산이 생성되고 다량의 질소가 질산태로 변하면서 pH가 낮아져 작물 생육에 영향을 미치게 됩니다.

구 분	탄질비
각종 토양미생물 (사상균 10, 방선균 6, 세균 5)	5~10
토양부식	10
각종 퇴비	20~30
볏짚	67
대두유박(채종박 5.6, 면실박 4.5, 피마자박 4.5, 미강유박 15.0)	5.4
톱밥	400~1200

◇ **표 6-8** 각 유기물의 탄질비(C/N율)

토양 속에서 분해가 빨리 되는지 더디 되는지를 알려면 탄질률을 참고하면 됩니다. 토양에 들어가자마자 분해가 시작되는 탄질률은 10 정도입니다. 10 이하에 해당되는 것이 각종 미생물이고, 토양부식(토양 유기물)이고, 각종 유박입니다.

그러나 퇴비는 완숙퇴비라 할지라도 탄질률이 20~30 정도인데, 퇴비의 원료는 원래 탄질률이 높고 리그닌이 많은 소재로 제조했기 때문에 토양 속에서 최소한 15일 정도 지나서야 서서히 분해가 시작됩니다. 생톱밥 같은 경우는 탄질률이 높아 토양 속에 들어가면 오랫동안 분해도 안 되어 농작물이 독소 때문에 피해를 보게 됩니다.

그럼 탄질률은 어떻게 알 수 있을까요? 요즘은 조금만 수고를 하면 공신력 있는 정보를 열람할 수 있으니, 가장 쉬운 방법으로 스마트폰 검색을 권합니다. 단, 그 정보가 공신력이 있는지 하는 것은 잘 따져봐야 하겠지만요. 예를 들어 "대두유박의 탄질률"이라고 검색창에 치면 바로 정보가 뜨기는 합니다.

5

땅심 살리기에 필요한 기본 자재는 무엇일까?

땅심 살리기에서 가장 중요하고 기본이 되는 자재는 잘 발효된 질 좋은 퇴비겠지요. 거기에다, 부족한 영양분을 공급하기 위해 화학비료와 같이 양분 공급 역할을 해주는 각종 유박이나 쌀겨 등을 사용하고, 또 녹비 작물이나 미생물도 사용합니다.

부산물비료 중 발효 과정이 필요한 부숙(腐熟)유기질로 분류되는 비료는 9종류(2018년 3월 30일 현재)가 있습니다. 그것을 사용할 때는 잘 살펴야겠지요. 어떤 재료를 사용했고 탄질률과 발효 과정, 그리고 리그닌 함량관계 등을 따져봐야겠습니다. 그리고 부엽토 같은 경우는 생산 과정이 참으로 중요합니다.

1970~80년대만 하더라도 낙엽을 직접 발효시킨 것과 산에서 채취하여 수분 조절한 것을 시판했지요. 그때는 그것을 구입해 쓰면 되었지만, 요즘은 그런 제품을 구경하기란 언감생심입니다.

발효는 퇴비의 생명이자 필수 조건이지요. 그러니 퇴비 범주에 속하는 가축분과 부숙겨, 부숙왕겨, 부숙톱밥 등의 퇴비 조건을 판단할 때, 어떤 오염되지 않은 재료를 사용했는지뿐 아니라, 얼마나 호기성으로 뒤집어주면서 잘 발효했는지를 따지는 것도 퇴비의 질을 따지는 관건이라 하겠습니다.

부산물비료 중 발효 공정이 없는 유기질비료에 속하는 비료는 어박, 골분, 잠용유박, 대두박, 채종유박,면실유박, 깻묵, 낙화생유박, 아주까리유박, 기타 식물성 유박, 미강 유박, 혼합 유박, 가공계분, 혼합유기질, 증제피혁분, 맥주오니, 유기복합, 혈분 등이 있습니다. 이런 재료가 토양에 작용하여 미생물들이 많이 살게 할려면 리그닌이 많은 소재의 퇴비 종류를 사용하고, 이때 퇴비에 부족한 질소질 공급을 위해 유기질비료를 사용하면 좋다고 하겠습니다.

6

땅심의 지속적인 관리의 노하우는?

1) 땅심을 살려서 농사를 잘 짓겠다는 마음의 자세가 필요하다

① 땅심이 좋은 흙은 단기간에 만들 수가 없다.

좋은 땅심 없이는 지속적인 고품질·다수확 농사를 지을 수 없다는 철학과 각오로 임하는 마음의 자세가 필요합니다.

사실, 화학비료나 영양제로 농사를 지어보면 2~3년 동안은 고품질·다수확을 할 수 있지요. 하지만 그 기간이 지나고 나면 각종 병충해를 겪을 뿐 아니라 수확량이 떨어져 농사가 잘 되지 않습니다. 그 이유는 한마디로 땅심에 문제가 있기 때문입니다.

땅심을 살리기 위해서는 토양 관리를 3~4년 동안 잘해야 합니다. 그리고 어느 정도 본궤도에 오른 뒤에도 지속적인 관리가 필요합니다.

② 제초제와 각종 화학합성농약은 땅을 죽인다.

제초제는 화학합성약품으로 흙의 생명력을 죽이는 치명적인 역할을 합니다. 풀이 전멸함으로써 연쇄적으로 생물의 순환 고리가 끊어져 지렁이와 곤충이 사라지고, 토양미생물까지도 그 영향으로 사라져 결국에는 죽은 땅이 됩니다.

논농사의 경우, 제초제를 안 친 논둑은 장마철에 터지지 않는데 제초제를 친 곳은 곧잘 무너진다고 합니다. 왜일까요? 그 원인은 제초제로 인해 풀이 뿌리까지 죽은 뒤 그 빈 공간에 물이 스며들어 문제가 되기 때문입니다.

③ 농가에서 정성껏 직접 만든 발효 퇴비는 땅심을 살리는 데 최고의 자재이다.

농사에 쓰는 자재 중 가장 기본이 되는 발효퇴비와 유기질자재의 자가 제조는 흙을 살리는 농사 기술의 시작이자 비용을 낮추는 지름길입니다.

질 좋은 퇴비를 제조하려면, 첫째, 오염되지 않은 원료를 선택할 것, 둘째, 땅속에서 분해가 더딘 리그닌(목질) 함량이 많은 톱밥이나 파쇄목 수피 등을 사용할 것, 셋째, 원료를 호기성으로 잘 발효시킬 것 등이 필요합니다. 누차 이야기했지만, 땅심을 빨리 높이고 지속적으로 유지를 하는 데 이보다 더 좋은 자재는 없습니다.

만약 자가 퇴비 제조를 못 할 때는 시중에서 구입해야겠지요. 이럴 때는, 발효가 잘 되었는지의 여부, 그리고 원료에 리그닌 함량이 많이 들어가 있는지를 따져 제품을 선택하는 것이 좋습니다.

유기질비료인 유박 등은 그대로 사용하지 말고, 간단한 발효 과정을 거쳐 유해한 미생물의 증식을 막은 뒤에 사용해야 한다는 것을 다시 한 번 강조합니다.

④ 과다한 시비는 병해충 발생의 원인이다.

화학비료든 유기질비료든 과도한 시비는 염류농도 장애뿐 아니라 작물을 연약하게 하여 각종 질병과 해충의 번식을 초래하고 결과적으로 이를 해결하는 데 시간과 비용이 더 들어가게 만듭니다. 나아가 품질을 낮추고 저장성도 나쁘게 하지요.

2) 토양관리 계획

① 토양정밀검사에 의한 토양관리

연 1회 분석기관에 의뢰하여 토양정밀검사 후 석회, 유기물, 양분을 균형 있게 투입하여 양분 과잉으로 인한 토양 및 수질오염을 방지합니다. 유기질비료인 퇴비, 쌀겨, 깻묵, 발효톱밥, 골분, 어분, 혈분 등 천연비료와 천연광물질을 이용하여 화학비료의 사용을 최소화합니다.

②토양 소독

잘 발효된 완숙퇴비 사용으로 토양미생물의 균형이 이루어지도록 개선하는 것을 원칙으로 해야 합니다. 시설원예에서는, 제한적이긴 하지만, 여름철 태양열 소독으로 토양전염성 병원균을 방제하기도 합니다. 미생물 중에서 병원균을 이겨내는 길항미생물을 투입하는데, 게껍질 등 길항미생물 증진 자재를 퇴비 제조 때 투입하거나 토양에도 투입합니다. 토양 해충의 번식을 막기 위해 님(Neem)박을 이용하기도 합니다.

③ 토양산도 개선

토양 검정 후 유기물 투입 전에 소요량을 계산하여 천연석회질인 석회석, 석회고토, 패화석, 달걀 껍질, 규산질비료 등을 50~200*kg*/300평 사용하고 곧바로 토양과 골고루 섞어줍니다.

④ 토양유기물 함량의 유지

토양유기물 함량을 4~5% 이상 유지시키기 위해 자가 제조한 부식질이 풍부한 완숙발효퇴비를 연간 2~3톤/300평 투입합니다. 토양유기물이 턱없이 낮을 때는 최초 몇 년간은 더 많이 넣어서 최단시간 내에 토양유기물을 확보토록 합니다. 퇴비 제조 때 또는 퇴비 살포 때 발효미생물을 투입하여 유익한 미생물을 공급해줍니다.

작물이 재배되기 1개월 전에 투입하는 것이 원칙이지만 완숙퇴비는 곧바로 사용해도 좋습니다.

땅속에서 분해가 더디고 오래가는 호밀 같은 화본과 녹비작물을 계속 심어 토양유기물 함량을 높일 필요가 있습니다.

⑤ 양분, 미생물의 공급

완숙발효퇴비는 부식의 증대로 토양의 물리성을 좋게 하는 장기적인 차원에서 사용합니다.

퇴비를 비료로 생각하면 안 됩니다. 양분의 공급은 발효 유기질비료인 균배양체와 유기질 자재를 이용하여 생육 중에 필요한 양분을 공급합니다.

⑥ 미량요소와 토양개량제의 투입

미량요소는 퇴비를 사용할 경우 추가 공급은 필요하지 않으나 작물에 따라, 재배 조건에 따라 필요한 경우에만 사용합니다.

붕사는 토양검정에 의해 300평당 1~3㎏을 살포하고 토양과 골고루 섞어줍니다.

숯가루와 재는 2~3년에 1번씩 평당 1㎏을 투입하여, 토양미생물을 증식시키고 토양 물리성을 개선시킵니다.

양이온 치환능력 개선은 평당 1㎏의 제오라이트를 2년에 1번 공급해 양이온 치환능력을 높게 유지시킵니다.

미네랄 공급은 맥반석, 암석분말 등을 퇴비 제조 때 투입해도 좋고 토양에 직접 공급해줄 수도 있습니다.

⑦ 무제초제로 토양생물의 증진

무제초제에 의한 토양 내 지렁이, 곤충, 개구리, 도마뱀 등 생물 다양성을 증대시키고, 토양의 물리성을 개선합니다.

경북 안동에서 몇 년 전 귀농을 하여 농사를 짓고 있는 한 귀농인은 제초제를 친 논은 물대기를 매일 해야 하지만 치지 않은 논은 5일에 1회만 해도 된다는 경험담을 들려주었습니다. 그의 말에 따르면, 제초제를 안 치면 토양 속 미생물과 소동물 등이 다양하게 생겨 생태계가 복원되어 좋을 뿐만 아니라, 논둑의 풀이 말라 죽지 않는 장점도 있다고 합니다. 논둑의 풀이 왜 중요한가 하면, 제초제로 그 풀이 죽을 때 뿌리가 말라 구멍이 생겨 물이 잘 새기 때문이랍니다. 장마철에 논둑이 터지는 곳은 틀림없이 제초제를 친 곳이라는 말은 귀담아 들어야 할 내용입니다.

⑧ 물 관리

오염이 안 된 물을 이용하고, 지하수는 가능한 한 공기와 반응시켜 산소가 풍부한 물을 공급합니다.

관주 시 맥반석, 자가 제조 유기액비 등을 투입하여 작물의 품질을 높이고, 질산염을 측정하여 허용 기준에 맞는지 주기적으로 확인합니다.

7

땅심이 좋으면 화학비료를 적게 주거나 사용하지 않아도 농사가 된다?

땅심이 좋으면 화학비료를 적게 주거나 사용하지 않아도 된다는 것은 무슨 근거에서 나온 말일까요?

토양유기물이 많고 서식 조건이 좋으면 각종 미생물과 지렁이와 선충 등 소동물이 많이 생깁니다. 이들은 한번 생기면 영원히 사는 것이 아니고 살고 죽기를 반복하는데, 죽은 사체들은 분해되어 다시 미생물의 먹이도 되고, 작물 생육에 필요한 영양분도 되며, 땅속에서 유기물이 분해되고 남은 잔재물인 리그닌과 결합하여 토양유기물을 만들기도 합니다.

그러면 10a(1단보)당 질소 성분이 어느 정도 만들어지는지 한번 알아봅시다.

① 미생물의 경우 흙 1g당 2억 마리 이상이 생긴다고 한다.

이들의 중량은 2톤이 되며 수분은 80% 정도입니다. 중량 2,000kg × 건물(乾物) 20% × 단백질 함량 40% × 질소 성분 16% = 25.6kg.

② 지렁이의 경우 10a당 300kg 정도 생긴다고 한다.

중량 300kg × 건물(乾物) 20% × 단백질 함량 40% × 질소 성분 16% = 3.84kg인데 지렁이 똥에서 1.5kg + 오줌에서 2.8kg = 4.3kg을 더하면 총8.14kg이 됩니다.

③ 선충의 경우 10a당 800kg까지 생긴다고 한다.

중량 800kg × 건물(乾物) 20% × 단백질 함량 40% × 질소 성분 16% = 10.24kg입니다.

이 외에 땅속에 서식하고 있는 각종 소동물과 아조터박터속과 리조비움속 등의 질소고정균들의 활동을 제외하고라도 43.98kg의 질소 성분이 생성됩니다.

질소 성분만이 아니라 여러 가지 비료 성분이 만들어지는데, 지렁이의 경우 유기물과 미생물을 먹고 몸체를 통해 분변토로 나올 때는 질소·인산·칼리가 5~10배 이상 높아진 상태가 됩니다. 지렁이는 연간 10a당 28톤의 분립(똥의 입자)을 만들어 땅을 비옥하게 하고, 작물의 위조병균, 역병균, 뿌리혹병균, 사과의 흑성병균, 묘입고병균 등을 잡아먹기도 합니다. 그리고 시간당 41mm의 폭우가 쏟아져도 지렁이가 뚫어놓은 구멍 덕분에 빗물이 곧장 지하로 침투됩니다.

비단 지렁이뿐만 아니라 토양 속의 미생물을 포함한 모든 생물들이 내어놓는 배설물과 합성물 등은 작물 성장의 영양분이 되고, 특히 방선균이나 곰팡이(트리코델마)를 비롯한 여러 종류의 미생물들이 분비하는 특정 물질(항생물질)들은 각종 병충해 방제에도 크게 도움이 됩니다.

그래서 땅심이 좋으면 화학비료를 적게 주거나 사용하지 않아도 되는 것입니다. 이것이 유기농업의 기본 원리인데, 일반농업의 경우에도 땅심을 좋게 하면 농약을 적게 치고 화학비료도 줄일 수 있으며, 연작장해의 피해 없이 지속적인 고품질·다수확의 농사를 지을 수 있습니다.

현재 우리나라의 친환경농업에는 유기재배와 무농약재배가 있는데, 여기서 무농약재배를 둘러싼 몇 가지 문제점을 짚어보고자 합니다.

김대중 정부 시절 당시 농림부장관을 지낸 김성훈 님한테 물어본 적이 있습니다. 그분은 '친환경농산물'이라는 말을 만든 분이었지요. "장관님, 친환경농산물이라는 이름 아래 저농약인증, 무농약인증, 유기인증, 이렇게 복잡하게 되어 있으니 상당수의 소비자들이 이 세 가지를 전부 유기농산물이라고 혼동하게 되는 것 아닙니까?"

그랬더니 그분의 대답은 유기농업의 불모지인 우리나라에서 처음부터 유기농업을 할 수 없으니까 차츰차츰 단계별로 재배기술을 끌어올리기 위해 몇 년간 저농약과 무농약인증을 한 다음에 그 제도를 폐지하고 전부 유기재배로 가려고 한다는 것이었습니다.

발상과 취지는 참으로 좋다는 생각이 들었지만, 장관이 바뀌면 정책의 순위도 바뀔 테고 또 전문성을 가진 실무진들의 인사이동으로 담당자가 교체될 수도 있는데, 그런 정책이 과연 일관성 있게 지켜질 수 있을까 의문이었습니다. 실제로, 2001년 7월 1일 친환경농산물인증제도가 시작된 이후 저농약인증제도는 2015년도 말이 되어서야 폐지되었으니 무려 14년이라는 긴 시간이 흐른 뒤였습니다.

그리고 유기농산물과 무농약농산물은 재배 환경이나 사용 자재와 안전성 등에서 비교가 안 될 정도로 차이가 나는데, 소비자들 중에는 그 내용을 잘 모르는 분들이 많습니다. 무농약농산물은 글자 그대로 화학합성농약을 사용하지 않는다는 점에서 병충해 방제에 관한 한 유기재배와 동일합니다. 그러나 화학비료에 대해서는 재배 기준 시비량의 1/3 이하를 사용할 수 있습니다. 즉, 작물 생육에 필요한 비료 양의 2/3는 기본적으로 땅심을 살려 땅에서 양분을 자체 흡수하거나 퇴비나 유박 등 유기질비료를 사용하고 나머지 부족한 1/3은 화학비료로 충당해도 된다는 것입니다.

작물 재배에 필요한 양분이 축적되려면 적정량의 토양유기물 확보로 유익한 미생물과 지렁이나 소동물 등이 대량으로 서식하고 있어야 합니다. 그러면 토양유기물 외에도 이들의 죽은 사체가 분해되면서 나오는 각종 양분과 질소 고정균과 같은 미생물들의 작용으로 흙속에 양분이 확보됩니다. 하지만 그렇지 못한 척박한 농토에서 무농약으로 재배하려고 하면 작물에 필요한 양분을 땅에서 아예 흡수할 수 없거나 절대량이 부족하여, 유박 같은 유기질비료를 다량 사용하거나 화학비료를 1/3 이하 범위 내에서 쓸 수밖에 없습니다. 문제는 유기질비료가 값도 비쌀뿐더러 연용하게 되면 땅심이 망가져 농사가 제대로 안 된다는 것입니다.

인증이 시행된 지난 20년간 무농약재배는 농약 검출만 안 되면 되는 것으로 인식되고 있고, 또한 화학비료를 1/3보다 더 많이 쓴다고 해서 이를 문제 삼는 경우는 한 번도 본 적이 없습니다. 그러나 이렇게 재배된 무농약농산물은 농약 문제에 관해서는 안전성이 있다고 하지만, 화학비료 사용에서는 일반 농산물과 다를 바가 없습니다.

여기서 질산염에 대한 이야기를 하지 않을 수 없습니다.

질산염이란 물질의 유해성이 알려지게 된 것은 1980년대 미국에서 발견된 블루베이비증후군이란 질병 때문입니다. 이 질병은 화학비료와 농약, 제초제로 인해 생긴다고 하는데, 그 대부분은 화학비료에서 비롯된 것입니다.

우리는 건강하게 살려면 신선한 채소를 많이 먹어야 한다는 말을 흔히 듣습니다. 그런데 신선한 채소를 많이 먹으면 정말로 건강해지는 것일까요? 한번 생각해볼 필요가 있습니다.

작물 생육에 필요한 3요소 중 농민들이 가장 선호하는 질소질 비료는 질산염의 형태로 채소에 흡수됩니다. 이 채소를 통해 우리 몸속에 들어온 질산염은 아질산염으로 변하고, 각종 어육류를 먹고 분해하거나 부패할 때 생기는 아민과 결합하여 니트로사민이라는 발암물질이 만들어집니다. 그러니 우리나라 사람들이 가장 즐겨 먹는 삼겹살과 상추쌈의 짝도 마냥 좋아할 일만은 아닌 것 같습니다.

자료를 보면, 한국인의 1일 질산염 섭취량이 WHO의 기준보다 3배나 초과하고 있다고 하고, 또 어떤 자료에는 상추, 치커리, 깻잎, 시금치 등 엽채류에서 질산염이 WHO의 함유량 기준치(218㎎/㎏)보다 10~30배까지 높게 나타난다고 합니다. 이런 내용들이 세계에서 암발생률 1위라는 통계와 무관하지 않은 것은 아닌가 하는 의구심이 드는 것도 무리는 아닌 듯싶습니다.

이 외에도 질산염은 몸속에서 헤모글로빈과 결합하여 뇌에 대한 산소 공급을 차단함으로써, 현대 의학으로는 치료가 불가능한 알츠하이머(치매)나 파킨슨병, 그리고 어린이들의 아토피와 주의력결핍 과잉행동장해(ADHD)까지 일으킨다고 하며, 특히 유아의 경우 산소 부족으로 인한 사망에 이르게 할 수도 있다고 합니다.

한편, 요사이 최첨단 농법이라 하여 공적 기관에서 지원도 많이 해주고 있는 식물공장의 등장 또한 우려의 대상이 되고 있습니다. 식물공장은 대부분 수경(양액)재배 방식인데, 어떤 자료에 따르면 노지재배보다 질산염이 10%~30% 정도 높다고 하고, 필자가 입수한 일본 분석자료를 보면 4~5배 정도 높게 나타난다고 합니다.

우리나라에서도 1990년대에 질산염의 기준 설정이 필요하다는 논의가 이뤄진 적이 있는데, 당시 매스컴에서는 우리가 선진국에 비해 4~9배 더 많은 질산염을 섭취하고 있다는 내용이 보도된 바 있습니다.

지난 14년간의 재배면적 통계를 보면, 2003년도에 유기재배가

3,326*ha*, 무농약재배가 6,756*ha*인데, 2017년도에는 유기재배가 20,673*ha*로 6.2배 증가했고 무농약재배는 59,441*ha*로 8.8배나 증가하였습니다. 그러나 2012년도에는 유기재배 25,467*ha*와 무농약재배 101.657*ha*로, 2017년도보다 더 많은 최고의 인증 면적을 보인 적도 있었습니다. 즉, 2017년의 유기재배와 무농약재배 면적이 2012년도보다 오히려 줄어들고 있는 것입니다.

그렇다면, 친환경농산물 중에서도 가장 등급이 높고 환경도 살리고 건강에도 좋은 유기재배를 농민들은 왜 기피하고 있는 걸까요?

무농약 인증에서 유기재배 인증으로 올라가지 않는 이유는 유기농산물이나 무농약농산물의 가격이 별 차이가 없기 때문입니다. 이렇게 된 이유는 무농약재배와 유기재배의 차이에 대한 홍보가 부족하기 때문으로 여겨집니다. 심지어 일부 소비자들 중에는 무농약농산물이 유기농산물보다 나은 걸로 알고 있는데, 그 이유는 모양과 크기에서 무농약농산물이 유기농산물보다 좋아 보이기 때문입니다. 한편, 생산자의 입장에서 무농약재배는 굳이 힘들게 땅심을 안 살려도 화학비료를 마음껏 사용하면 되고(원칙은 그게 아니지만), 또한 생산량도 일반 관행재배와 별 차이가 없는 것이 유리한 점으로 받아들여질 수 있습니다.

그러나 모든 생산자가 그런 것은 아닙니다. 뜻있는 농민들은 친환경농업을 잘 이해하고 유기재배를 하기 위해 오늘도 땅심을 살리는 일에 매진하고 있습니다.

2017년 독일을 찾았을 때 들은 이야기입니다. 독일에서는 농사 작기가 끝나면 매년 지하 1m의 질산염을 조사해서 기준치 이상이 나오면 보조금이나 여러 가지 혜택을 박탈한다고 합니다. 지하수 오염과 환경을 보호하려는, 선진국다운 면모를 엿볼 수 있는 대목이 아닌가 하는 생각이 듭니다.

다시 한 번 강조하지만, 요즘처럼 땅심이 떨어져 볏짚이 땅속에서 1년이 가도 분해가 되지 않는다고 하는 현실은 정말 큰 문제가 아닐 수 없습니다. 국민 건강과 환경을 살리기 위해서는 확실한 교육과 홍보를 통해, 소비자들이 친환경농업 중에서도 유기농산물에 대해 올바로 인식할 수 있도록 해야 할 것입니다. 특히 유기재배는 땅심을 살리지 않고는 불가능합니다. 흙을 살리자고 말로만 할 것이 아니라, 어디서부터 무엇을 해야 하는지를 정부와 농민, 소비자가 함께 관심을 갖고 고민하며 실행할 때라고 생각합니다.

8

퇴비차와 액비의 제조 활용

1) 퇴비차란 무엇인가?

퇴비차(Compost tea)란 잘 발효시킨 퇴비에서 수용성 양분과 유용한 미생물들을 우려내고 이를 배양해서 만든 미생물 액비를 말합니다.

유용한 미생물이란 퇴비 속에 있는 세균, 방선균, 사상균, 광합성균, 원생동물 등등인데, 이들을 우려내어 배양하려면 원재료인 퇴비가 잘 발효된 것이라야 하며, 이때 미생물의 먹이와 공기 등을 불어넣는 장치가 필요합니다.

퇴비차의 효과는 그 원료인 퇴비의 질에 의해 좌우됩니다. 퇴비차 안에 존재하는 각종 양분과 미생물의 종류 및 수량이 퇴비 자체에서 비롯되기 때문입니다.

퇴비차의 사용 목적은 퇴비차를 토양에 관주하거나 엽면살포함으로써, 농약(제초제)과 화학비료의 과다 사용 그리고 비로 인해 유실된 부족한 유용 미생물과 양분을 공급해주어 작물의 성장을 돕고 면역력을 키우는 데 있습니다.

퇴비차의 가장 좋은 점은 속효성 액비로서 필요한 때에 빠른 시간 내에 작물에게 영양을 공급한다는 점이며, 그 외에 잎의 표면에 살포하면 병원균의 침입을 막아주기도 한다는 점 등을 꼽을 수 있습니다.

2) 퇴비차의 품질과 관계되는 조건

① 온도

퇴비차를 제조하는 것은 미생물을 배양하는 것이므로 계절적으로 적당한 온도가 유지되는 상온에서 만드는 게 좋습니다.

② 미생물의 먹이

미생물의 먹이는 퇴비 자체에서 충분히 공급되는 것이 좋습니다. 부족한 부분을 메꾸기 당밀이나 설탕 등을 넣어줄 수 있지만, 그것을 과다하게 사용하면 세균만 많이 증식되어 오히려 안 좋은 결과를 가져올 수도 있습니다.

③ 산소 공급

퇴비차의 제조에서 빼놓을 수 없는 중요한 부분입니다. 작물의 생육 촉진과 병(病)의 항균력을 갖는 유용 미생물의 대부분이 호기성이므로, 이러한 미생물을 배양하려면 동일한 환경을 지속적으로 조성해 주어야 합니다. 산소의 농도가 2~4㎎/ℓ 이하의 혐기적 상태에서는 유해 미생물이나 물질이 배양될 수 있습니다. 그러므로 퇴비차를 제조하는 모든 과정에서 충분한 산소를 공급해야 하며, 제조한 뒤에는 그 퇴비차를 바로 사용해야 합니다.

온도 (°C)	8	10	12	14	16	18	20	22	24	26	28	30	32
용존 산소	11.9	11.4	10.8	10.4	9.9	9.5	9.2	8.8	8.5	8.2	7.9	7.7	7.4

◇ **표 6-9** 포화 용존 산소량

* 포화 용존 산소량은 물속에 녹을 수 있는 최대의 산소량(1기압 시)을 말하고 퇴비차를 제조하는 기간에 용존 산소량은 5.5ppm 이상을 유지토록 해야 한다.

3) 퇴비차의 제조 방법

구분	만드는 법	희석 배수	참고사항
완숙발효 퇴비	물 500ℓ에 5~10kg 넣어서 24~48시간 우려냄 (자연수, 수시로 저어줌)	우려낸 원액을 그대로 관주	1. 반드시 60°C 이상에서 1개월 이상 고온발효 과정이 필요 2. 후숙을 잘 시킨 완숙퇴비
혼합발효 유기질 (보카시)	물 500ℓ에 20kg 넣어서 24시간 우려냄 (자연수)	원액 그대로 관주 또는 50~100배로 엽면 살포	오래 담가두면 냄새가 나고 미생물 효과가 거의 없음

◇ **표 6-10** 퇴비와 혼합발효유기질로 액비 만들기

* 설탕이나 당밀 등을 넣어주는 방법도 있으나 다량 사용하면 세균의 과다 증식으로 문제가 될 수도 있다.

① 제조 시 유의사항

퇴비차를 만들 때 수온은 20°C 이상의 상온이 적당하고, 자연수로서 중성의 물이 좋습니다. 수돗물을 사용할 때는 물통에 받아 24시간 방치하여 염소가 날아간 후에 사용토록 해야 합니다.

거품은 미생물이 활발히 대사하고 있다는 표시이며, 사용하기 직전까지 지속적으로 공기가 공급되어야 합니다.

② 사례

상주시 고추 선도농가 김용섭 씨의 경우 퇴비차를 제조하여 사용한 시험결과를 소개합니다. 먼저 김 씨 농가의 퇴비차 사용 과정은 다음과 같습니다.

가) 재료는 2년 정도 숙성된 수피퇴비.

나) 물 500ℓ에 재료 5kg을 넣고 용존 산소 6~7 정도에서 공기 주입으로 기포를 발생시켜 24시간 우려냄. (재료량과 발효 상태에 따라 다소 차이가 남.)

◇ 퇴비차 제조 때 거품이 나오는 모습. (김용섭 씨 고추농가/ 2018. 10. 20)

◇ 고추 뿌리 비교. 왼쪽은 퇴비차 미사용, 오른쪽은 사용. (김용섭 씨 고추농가/ 2018. 10. 20)

다) 3월 말 정식 시부터 10월 20일까지 우려낸 퇴비차를 7~10일마다 관주함.

라) 토양유기물 함량은 4% 정도로 땅심이 좋은 밭으로, 해마다 충분한 퇴비를 넣어주는 곳임.

구분	대조구(Ⅰ)			처리구(Ⅱ)			차이(%)(Ⅱ)/(Ⅰ)
	1	2	평균	1	2	평균	120
초장(cm)	220	230	225	280	260	270	121
분지수	395	417	406	497	487	492	
착과수	220	258	239	342	320	331	138

◇ **표 6-11** 퇴비차 시험 결과 (김용섭 씨 고추농가/ 2018. 10. 23)

4) 액비(물비료)와 미생물은 많이만 주면 좋을까?

농사를 지을 때 기비(밑거름)로서 각종 비료를 주고, 더 잘 키우기 위해 액비를 많이들 주고 있습니다. 액비 종류로는 시중에 파는 액비, 동·식물질을 발효시킨 것, 요즘 유행하고 있는 퇴비차, 화학비료를 녹인 액비 등등 수많은 종류가 있습니다.

그런데 이 액비는 만능이 아닙니다. 땅심이 좋은 곳에서는 지속적으로 고품질·다수확을 하는 데 도움을 주지만, 토양유기물 함량이 낮고 땅심이 나쁜 곳은 처음 2~3년 동안은 수확량과 품질에 상당한 효과를 보이다가 그 후 얼마 안 가 한계에 부닥치게 됩니다.

그 이유는 미생물의 먹이와 상관이 있습니다. 미생물은 탄소가 에너지원(밥)이고 질소가 영양원(반찬)인데, 액비를 주게 되면 이 액비 속의 질소와 토양 속의 유기물(탄소)을 먹이로 하여 미생물이 급속히 늘어나게 됩니다. 이로 말미암아 작물 성장에는 일시적으로 도움을 주지만, 토양 속 유기물이 급속히 분해되어 땅의 물리성과 생물성이 급격하게 나빠질 수 있습니다.

그래서 땅심이 좋지 않는 토양에서 액비의 과다 사용은 흙의 생산능력을 낮추는 문제점이 있고, 또한 미생물의 과다 사용도 이와 마찬가지로 작용할 수 있습니다.

요컨대, 땅심이 없는, 즉 토양유기물이 부족한 땅에서 액비나 미생물의 무분별한 사용은 지력 저하를 촉진할 수 있다는 점을 잊지 말아야 하겠습니다.

수경재배와
토경재배 농산물 중
어느 것이
우리 몸에 더
좋을까?

7강

1

흙과 인간의 생명

오늘날의 농업은 흙에 생명을 배양하는 것을 잃어버리고, 비료에 의해 작물을 기르고 병과 해충이 발생하면 농약으로 방제하는 것을 예사로 하고 있습니다. 이는 인간의 생활도 마찬가지여서, 체질의 강화로 생명력의 왕성함을 길러나가는 데 대한 관심은 줄어들고, 기분 내키는 대로 살다가 병이 나면 으레 의사가 약과 치료기구를 사용해 치유해주겠거니 하는 생각을 갖고 있는 듯합니다.

물론, 의사는 치료학을 습득하고 있기에 진단을 통해 병명이 판정되면 투약 또는 수술 등의 처치로 치료를 합니다. 하지만 성인병과 같은 퇴행성의 병은 어떤가요? 긴 세월 생활의 축적으로 발생하는 것인만큼, 세균성 질환처럼 간단한 투약으로는 쉽게 낫질 않습니다. 특히나 장기의 질환은 하나하나의 장기가 원자력발전소 이상의 복잡함과 정밀성을 가지고 있어, 단기간의 투약만으로 치료되기가 쉽지 않습니다.

그러나 의약이 눈부시게 진보함에 따라, 사람들의 의약에 대한 신뢰와 의존은 더욱 커져만 가고 있습니다. 마찬가지로 농업에서도 비료와 농약의 효과에 대한 신뢰와 기대가 한껏 높아져 있습니다.

작물의 생명력은 곧 인간의 건강으로 직결됩니다. 작물 자체가 허약하고 미네랄 균형이 깨어져 있으면 이를 섭취하는 인간에게 좋을 리 없습니다. 더구나 작물 식재료를 가공식품으로 만드는 과정에서 꼭 필요한 성분이 용탈되거나 오히려 건강을 해치는 물질이 첨가되고 있는 것도 큰 걱정거리가 아닐 수 없습니다.

1) 생명을 지키는 항상성(恒常性)

인간의 체온은 36~37°C(36.5°C)에서 생명을 유지하고 있으며, 그 1°C의 폭 안에서 살고 있습니다. 만일 이 같은 정상 체온으로부터 3°C의 차이가 나면 중병환자가 되고 맙니다. 체온이 정상에서 일탈하면 무엇보다 몸속의 효소가 제 기능을 하지 못합니다.

혈액의 pH는 정상이 7.35~7.45로, 7.35 이하는 "산(酸)혈장"이라는 병이 되고 7.5이상이 되면 죽음에 가까워집니다. 이렇듯 인간 생명기능의 항상성은 그 허용 한계가 상당히 좁습니다.

체액의 pH는 7.2~7.3 정도가 정상치이나, 일상생활을 하다 보면 산성화가 되는 경우가 많습니다. 그러면 이렇게 산성화가 되는 이유는 무엇일까요? 그 원인은 무엇보다도 섭취하는 음식물에 있습니다.

우리가 섭취하는 음식물(유기물)은 소화 흡수되어 생체에너지로서 생명 유지에 이용됩니다. 미(未)소화물과 신진대사에 의해 생긴 노폐물은 분뇨와 땀으로 배출되고, 생체반응에 의한 연소로 생긴 탄산가스는 호흡에 의해 배출됩니다. 이처럼 음식물은 체내에서 이용되어 없어지면 마치 초목이 불에 탄 것처럼 재가 남습니다.

인간의 체내에서 타고 남은 재, 즉 무기회분이 알칼리이온과 산성이온 중 어느 쪽이 많으냐에 따라 체액의 pH가 변화하는 것입니다.

① 회분 중에 인(P), 유황(S), 염소(Cl) 등 산성이온이 많으면 산성화가 된다.

인(P)은 체액 속에서 인산(염산, 황산)을 만들어 산성을 나타냅니다.

② 칼슘(Ca), 마그네슘(Mg), 칼륨(K), 나트륨(Na)은 알칼리이온으로 알칼리성화가 된다.

고기, 어류 ,계란은 P와 S가 많아 산성화되기 쉬운 식품이며, 야채, 해조류는 Ca, Mg, K, Na을 많이 함유하고 있어 체액을 약알칼리로 만드는 알칼리성 식품입니다. 음용수도 마찬가지로 알칼리성분량과 산성성분량의 많고 적음에 따라 체액의 변화에 다소 영향을 미칩니다.

③ 육체노동을 하면 포도당이 체내에서 분해되어 에너지가 되고 그때 타고 남은 재로써 젖산(乳酸)이 생성된다.

이것은 젖산소다로 풍화되어 소변으로 배설되지만, 중노동을 하면 배설되기 전에 젖산이 모여 체액을 산성화시킵니다. 에너지의 연소는 근육노동에 의해 진행될 뿐 아니라, 뇌의 활동도 생체 에너지(ATP)를 많이 소비하므로 산성화를 유인합니다.

알코올음료, 당분, 케이크 등을 많이 섭취하면 과연소를 일으켜 체액을 산성화시킴과 동시에 비타민 B와 C의 이상소비를 일으키며 미네랄(칼슘, 마그네슘, 나트륨)의 용탈을 증가시킵니다.

④ 체액이 산성화가 되면 사고방식이 음성적으로 변한다.

사고(思考)가 음성적인 경향을 나타내게 됩니다. 무슨 일이든지 소극적으로 뒤로 물러서게 되고, 행동이 굼뜨며, 비관적으로 생각하게 됩니다.

⑤ 체액이 알칼리성화가 되면 사고방식이 양성적으로 변한다.

무슨 일이든지 적극적으로 나서게 되며, 행동이 빠르고, 사물에 대한 판단도 좋은 쪽으로 생각하게 됩니다. 모든 것을 선의로 해석하고 낙천적 사고로 변합니다.

⑥ 병에 대한 저항력은 체액의 pH가 크게 관여한다.

인플렌자 바이러스의 경우,

→ 체액 pH7.0(중성)에서는 적혈구 막에 결합되어도 곧바로 융합이 일어나지 않습니다.

→ 체액 pH6.0 이하일 때 융합이 시작되어 발병합니다.

→ 체액 pH5.0 이하가 되면 신속히 융합하여 발병합니다.

소의 수두성 구내염 바이러스의 경우,

→ 중성에서는 융합이 안 되고 산성에서는 융합이 잘 되어 발병합니다.

닭의 라우스 사루바 바이러스는,

→ 중성에서는 융합이 안 되고 산성에서는 융합이 잘 되어 발병합니다.

⑦ 소결

평소 일상생활에서 체액이 산성화 체질로 되지 않도록 식생활과 환경의 조절, 마음가짐에 대해 생각하며 살아가는 것이 "생명"을 건강하게 유지하는 좋은 조건입니다.

2) 생명을 지탱하는 미량 미네랄과 효소

구분	흙	농작물	인체	결과
미네랄(×)	×	×	×	병에 약함
미네랄(○)	○	○	○	병에 강함

◇ **표 7-1** 미네랄이 농작물과 인체에 미치는 영향(1)

* 흙=농작물=인체는 연계되어 있다. 즉, 흙이 건강하면 농작물과 인체도 건강하다.

◇ 일본 홋카이도 콩(품종: 금시). 왼쪽: 미량요소 + 질소 사용 안 한 곳. 오른쪽: 관행구(일반재배)

식물체	인체
철분: 엽맥 황화 후 백색 2. 망간: 식물체의 황화현상 3. 붕소: 무 뿌리 속 썩음병 4. 아연: 단백질 합성 억제 5. 구리: 어린 잎 부분의 황백화 6. 몰리브덴: 잎의 누른 반점 7. 염소: 토마토의 경우 잎시듦	1. 아토피성 피부염 2. 두통 3. 만성피로 4. 불면증 5. 빈혈 6. 여드름 7. 노화 8. 각종 암을 비롯한 성인병

◇ **표 7-2** 미네랄이 농작물과 인체에 미치는 영향(2)

알 아 봅 시 다

영양분석표로 본 영양지수

〈일본신생신문〉 보도(2011. 11. 10.)에 의하면, 시금치의 각종 영양가가 1950년도에 150㎎이었던 것이 55년이 지난 후 분석을 해보니 35㎎으로 줄어 이전의 23%에 불과했다고 합니다. 당근과 양배추도 동일한 현상을 보였습니다. 미국의 자료를 보면, 사과 1개의 철분 함량이 1914년도에 4.6㎎이었는데, 78년 후인 1992년도에는 0.18㎎, 96년 후인 2010년도에는 0.12㎎으로 1914년의 2.6%에 불과하다는 것이 밝혀졌습니다. 그 원인은 계속적인 연작으로 땅속의 영양분, 즉 미네랄이 매년 감소하고 있기 때문으로 파악됩니다.

3) 생명의 필수요소

생명의 필수요소는 물과 공기와 흙입니다. 그리고 인체의 구성원소는 다음과 같은 분류로 살펴볼 수 있습니다.

① 인체의 주요 4대 구성원소

인체는 탄소(C), 수소(H), 산소(O), 질소(N)의 4대 원소로 구성되어 있습니다. 이들 성분이 인체의 96.6%를 차지합니다. 이 성분들은 물과 공기에서 유래했기 때문에 태우면 다시 물과 공기로 환원됩니다.

② 인체의 다량원소로 구분되는 준주요 7대 구성원소

칼슘(Ca), 마그네슘(Mg), 인산(P), 칼륨(K), 나트륨(Na), 염소(Cl), 유황(S)이 7대 준주요 구성원소입니다. 이것들은 전해질 기능을 가지고 있어 생체의 항상성(恒常性)을 끊임없이 유지토록 해줍니다. 인체에서 이들 성분들은 3~4%를 차지하고 있으며, 흙과 바다에서 유래했기 때문에 태우면 역시 흙으로 되돌아갑니다.

③ 인체의 주요 미량원소(미량미네랄)로 구분되는 14대 구성원소

철(Fe), 아연(Zn), 구리(Cu), 망간(Mn), 몰리브덴(Mo), 셀레늄(Se), 코발트(Co), 크롬(Cr), 요오드(I), 니켈(Ni), 불소(F), 바나듐(V), 주석(Sn), 규소(Si) 등입니다. 생체 내에서 작용하고 있는 효소의 활성을 도와 신체 기능 유지에 필수적인 요소이기도 한데 0.02%를 차지하고 있습니다. 흙과 바다에서 유래했기 때문에 태우면 역시 흙으로 되돌아갑니다.

④ 위 내용의 종합적인 요약

인간의 신체는 공기와 물에 의해 만들어진 것이 96.6%, 나머지 4% 미만이 흙으로 만들어져 있습니다. 즉, 미네랄(다량원소와 미량원소)로 구성되어 있고, 이것이 생명 현상에 작용하는 역할은 헤아릴 수 없이 크다는 것이 최근 속속 밝혀지고 있습니다.

물은 산소와 더불어 인간 생존에 가장 중요한 요소로, 체중의

70~80%를 차지합니다. 인체 내에 물이 1~2%만 부족해도 갈증을 느끼고, 5% 정도가 부족하면 반혼수상태가 되며, 12%를 잃으면 신진대사가 제대로 되지 않아 체내의 독소를 배출하지 못하고 자가중독증으로 1주일 내에 사망하게 된다고 합니다.

인체조직 내에서 물의 구성 비율은 뇌의 75%, 심장의 75%, 폐의 86%, 간의 86%,신장의 83%, 근육의 75%, 혈액의 83%를 차지하고 있습니다. 우리가 매일 마시는 물은 입→위→장→간장→심장→혈액→세포→혈액→신장→배설의 순서로 순환됩니다.

미네랄이란 인체의 생리기능에 필요한 광물성 영양소를 말하며, 식물 생장에 필요한미네랄(무기원소)은 필수 원소로서 다량원소와 미량원소로 구분됩니다. 흙에 미네랄이 없으면 이를 흡수하지 못한 농작물은 병에 잘 걸리고 영양가도 없으며, 따라서 이런 농산물을 먹는 인간들의 건강 역시 좋지 않게 됩니다.

흙에 미네랄이 충분하면 농작물이 튼튼하게 자라고 병에 잘 안 걸리며 영양가가 많아져서 이를 먹는 인간의 건강도 좋아지게 마련입니다. 미네랄을 충분히 흡수한 농작물은 내병성이 증진하고, 낙과가 방지되며, 맛과 향이 좋고 무게가 더 나가게 됩니다. 또한 냉해·고온·가뭄 등 자연재해에 대한 면역력도 강화됩니다. 그러나 이 미네랄(미량원소)은 어디까지나 미량으로 공급되어야지 과잉 공급되면 안 됩니다.

미네랄의 역할과 관련하여 또 하나의 흥미로운 사례가 있습니다. 바로 해충에 대한 것입니다.

야도충, 거세미, 굼벵이, 땅강아지, 마늘의 고자리파리 등의 해충이 발생하여 뿌리와 갓 정식한 어린 모종에 큰 피해를 입었다고 호소하는 농민들이 꽤 많습니다. 이의 가장 근본적인 원인은 미숙퇴비나 생유기물의 사용에서 비롯된 것으로, 완숙퇴비를 사용하면 나타나지 않습니다. 완숙퇴비를 구하기 힘들어 그 대신 생볏짚이나 왕겨, 또는 발효되지 않은 우분과 돈분을 사용하게 되면 해충 피해가 일어나기 쉽습니다. 이럴 경우 경운할 때 1단보(10a)당 천일염(정제염은 안 됨) 30kg과 황 10kg을 비료와 퇴비와 함께 뿌리고 로터리를 쳐서 두둑을 만든 다음 작물을 심으면 해충을 방제할 수 있습니다.

실례로, 의성에서 매년 고구마 농사를 하고 있는 P농민은 필자의 말대로 했더니만 피해가 전혀 없었다며 고구마를 한 박스 보내왔고, 충주에서 당근을 재배하는 A농가 역시 그와 같은 피해를 호소하기에 앞의 방식을 권했더니 후기작으로 얼갈이배추와 청경채를 심었는데 역시 피해가 없었다고 했습니다. 또, 상주에서 1985년부터 유기재배를 하고 있는 안종윤 농가의 경우도 매년 사용해보니 그런 피해를 전혀 겪지 않았다고 했습니다.

이에 대한 이유로 두 가지를 생각해볼 수 있습니다.

첫째, 미숙퇴비나 생유기물에는 해충들이 좋아하는 먹이가 있으나, 완숙퇴비에는 해충이 좋아하는 먹이가 이미 발효 과정에서 분해되어 없어지고 심지어 유기물에 붙어 있는 알까지도 없어졌기 때문이라고 볼 수 있습니다.

둘째, 소금(Nacl)과 황이 분해될 때 생기는 가스의 작용과 미네랄이 풍부한 토양에서는 병해충의 발생이 억제된다고 볼 수 있습니다.

잔류 농약이 검출되지 않는 천일염과 황은 유기농산물을 재배할 때 토양 개량과 작물 생육을 위해 사용할 수 있는 물질들입니다.

바닷물은 96.5%의 수분과 3.5%의 각종 광물질로 구성되어 있습니다. 그 광물질 중에는 염소와 나트륨이 가장 많고, 황, 마그네슘, 칼슘, 칼륨 등 75종 이상의 각종 미네랄이 들어 있습니다. 그래서 적정량을 엽면 살포하면 과수의 당도를 높이거나, 바닷가 농작물들을 튼튼하게 자라게 할 수 있지요. 타 지역보다 맛좋은 농작물이 생산되는 이유가 해풍의 영향이라고 말하는 것은 바로 이 미네랄과 관련이 있습니다.

다시 말하지만, 흙과 식물과 인체는 따로따로 떨어져 있지 않고 전부 연계되어 있습니다. 그러니, 땅을 살리려면 미네랄이 많은 퇴비를 어떻게 투입하느냐가 관건이 되지 않을 수 없는 것입니다.

2

미네랄(영양소로서의 광물질)의 공급

앞의 3강에서 다룬 "연작장해 해결책"에서 설명했듯이, 미네랄의 공급을 위해 퇴비나 기타 자재를 사용하는 것은 작물 생육뿐 아니라 그 작물을 섭취하는 인간의 건강에 아주 중요한 영향을 미칩니다.

예컨대, 오래된 나무에서 수확한 과일이 시고 딱딱하고 맛이 덜하다든가, 수박이나 토마토를 잘랐을 때 속이 꽉 차지 않았다든가 하는 것은 연작으로 인한 미네랄 부족 현상일 가능성이 높습니다.

최근 심층해수에 대한 관심이 높습니다. 이는 육지에서 흘러내린 다양한 미네랄이 바다로 흘러들어가 심층해수에 정착했을 거라는 믿음에서 비롯된 것인데, 실제로 그렇게 시판되는 자재가 잘 팔리고 있는 듯합니다.

그러나 이러한 미네랄 제품에 대한 믿음은 어느 정도의 선에서 멈추어야 하며, 퇴비나 비료의 시비에 대해서는 원칙대로 따져서 해야 한

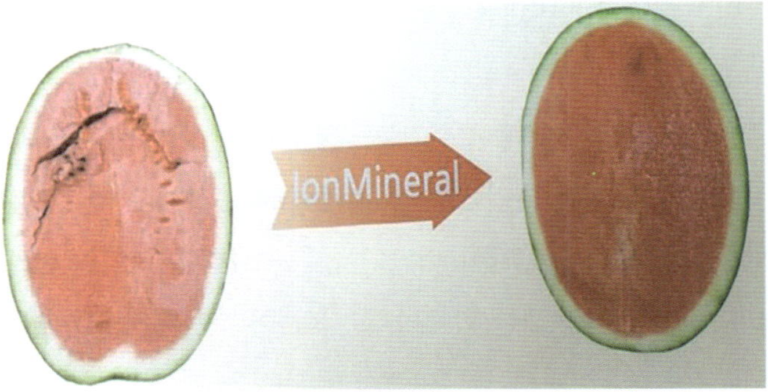

◇ 수박에서 보는 미네랄의 효과. 왼쪽: 미네랄 부족. 오른쪽: 미네랄 시비 후.

다고 생각합니다. 왜냐하면 인체의 구성은 훨씬 복잡하기 때문입니다. 인체는 80종 이상의 원소로 구성되어 있다고 하는데, 시중에 시판되고 있는 화학비료는 공기와 물에서 공급되는 기본 원소인 탄소·수소·산소 3종을 제외한 다량 원소인 6종(질소, 인산, 칼리, 칼슘, 마그네슘, 황)과 미량원소 7종(철, 망간, 붕소, 아연, 몰리브덴, 구리, 염소)을 합해 13종의 미네랄(원소)에 불과합니다. 최근에는 니켈(Ni)을 미량원소에 포함시켜 14대 원소라고도 합니다. 어쨌든 땅에서는 매년 이어지는 농사로 인해 미네랄이 해마다 줄어들고 있는데, 화학비료만 사용하거나, 적정량의 퇴비를 사용하지 않거나, 시판되는 미네랄 제품을 제때에 보충해주지 않을 때, 그 땅은 미네랄 결핍현상이 일어날 수밖에 없습니다.

1) 비타민과 미네랄이 인체에 흡수되는 경로

비타민과 미네랄이 인체에 흡수되는 경로를 한번 살펴보도록 하지요.

식물과 동물은 비타민의 자체 합성이 가능하지만 인간은 그것이 불가능합니다. 그래서 인간이 비타민을 흡수하려면 고기나 채소를 먹든가 비타민제를 복용해야 합니다. 그러나 미네랄의 경우는 다릅니다. 미네랄은 식물이든, 동물이든, 인간이든, 전부가 합성이 불가능합니다. 그런 까닭에 흙속에 있는 미네랄 양이 중요한 것입니다.

작물의 미네랄 양은 흙속 미네랄 양에 따라 결정됩니다. 즉, 땅속에 미네랄이 없으면 작물이 흡수를 할 수가 없고 그런 작물은 아무리 많이 먹어도 우리 몸속에 들어올 수가 없는 것이지요. 미네랄이 없으면 비타민도 소용없다고 하는데, 화학비료를 사용해 대단위로 농사를 짓는 미국의 경우 성인병을 겪는 것은 그 99%가 미네랄 부족과 관련이 있다고 합니다.

요컨대, 미네랄이 풍부한 땅을 만들어 여기서 재배되는 농산물 섭취로 자가면역력과 자연치유능력을 키우는 것이 최고의 건강 비법이 아닌가 싶습니다.

2) 미네랄이 고갈되면?

〈이그린뉴스〉(2013. 7. 17.)에 "흙속에 미네랄 고갈, 각종 질병 유발, 다수확 화학농법에 연작이 그 원인"이라는 제목으로 아래와 같은 기사가 실렸습니다. 그것을 그대로 옮겨보도록 하겠습니다.

"농산물에 함유되어 있는 인체의 필수영양소 미네랄이 거의 바닥이 난 것으로 드러났다. 이 같은 현상은 흙속에 들어 있는 60여 가지의 미네랄이 계속되는 연작 등으로 고갈 상태에 놓여 있기 때문이다. 이 때문에 대부분의 사람들은 미네랄 결핍 등의 영양소 부족으로 병에 시달리는 원인이 되고 있다.

미국의 한 연구소가 세계 대륙의 각 나라 농지를 대상으로 흙속의 미네랄 함유량을 조사 분석한 결과 토양에서 빠져나간 미네랄 수치는 미국이 전체의 85%로 가장 많아 심각한 수준인 것으로 나타났다. 그다음은 아시아가 전체 농지의 78%로 미네랄이 많이 고갈됐고, 아프리카 74%, 남미 72% 등 순으로 농지의 미네랄 고갈이 갈수록 심화되고 있는 것으로 조사됐다.

대륙별 각 나라 농지의 이 같은 미네랄 고갈 상태는 농산물의 생산량을 늘리기 위해 화학농법에 의해 질소·인산·칼륨(N·P·K)을 농토에 뿌리면서 농산물을 수확할 때마다 토양에서 미네랄을 빼앗아가기 때문인 것으로 분석됐다.

다시 말해 다수확 화학 농법으로 인한 토양의 미네랄 사이클의 붕괴가 심각해진 것이다. 이 같은 다수확 화학 농법으로 농토의 미네랄을 고갈시키는 데는 5~10년밖에 걸리지 않는 데다 조상 때부터 현재까지 연작을 계속하고 있어 우리 주변의 미네랄 고갈은 심각한 수준에 와 있다.

이 때문에 농산물의 미네랄 함량이 크게 떨어지면서 인체에 필요한 미네랄이 제대로 섭취되지 않아 각종 질병의 원인이 된다는 의학자들의 분석이다.

최근 미국의 한 신문에 보도된 기사 중 미네랄의 중요성을 알리는 한 충격적인 내용이 실렸다. Easter Island가 무인도로 된 이유에 관한 기사다. 이 섬에서 사람의 머리 부분이 발견돼 파보니 여러 개의 석상이 나왔다. 이 석상에 새겨진 글자를 분석한 결과 기원전 약 500년 전에 남태평양 폴리네시아 사람들이 배를 타고 이섬 에 정착해 1200년간 살아왔다. 정착 당시 자연수림이 풍부한 섬이었지만 임야를 농지로 개간하고 나무를 잘라 집을 짓고 땔감으로 사용하면서 벌거벗은 섬으로 변해갔다.

게다가 비가 오면 토양에 있는 미네랄이 씻겨 없어지면서 사람들은 미네랄 부족 현상으로 모두 정신이상이 되어버렸다. 사람이 사람을 잡아먹기 시작했는데, 처음에는 청소년들이 힘없는 노인들을 잡아먹다가 결국은 미쳐버려 자기네들끼리 서로 잡아먹으면서 정착한 지 1,200년 만에 사람이 살지 않는 섬으로 되어버렸다."

이 기사는 토양의 미네랄이 고갈되면 생명체의 생존 자체가 큰 위험에 빠질 수 있다는 사실을 경고하고 있습니다.

미국은 흙속의 미네랄 고갈 상태로 인한 농산물의 미네랄 부족이 결국 각종 질병의 원인이 된다는 연구결과를 발표하고, 국민들의 질병 예방을 위해 건강보조 기능식품 등을 통해 부족한 인체 필수영양소인 미네랄 보충을 권장하고 있습니다.

3

수경(양액)재배와 토경재배의 영양 분석

1) 수경재배

수경재배를 하면 토경재배보다 맛도 좋고 수확량이 많다는 얘기를 자주 듣습니다. 또한 병충해 관리도 쉽다고 말하는 분도 가끔 있습니다. 필자는 이런 얘기를 완전히 부정하는 것은 아니지만, 수경재배와 토경재배에 대해 몇 가지 하고 싶은 말이 있습니다.

그것은 첫째로, 수경재배는 토경재배보다 그 농산물이 맛과 영양에서 못하다는 것입니다. 토경재배는 퇴비를 사용하고 자연의 흙을 통해 공급되는 60종 이상의 다양한 양분이 있지만, 수경재배는 육상 식물을 토양 없이 양액(영양배지)을 첨가한 물에서 키우는 방식이니 그렇지 못합니다. 즉, 인공 비료로 만들어진 10여 종의 양액밖에 공급되지 않는 것입니다. 또한 수확량도 앞에서 예로 든 미니토마토의 대단한 수확량에 미치지 못합니다.

그럼에도 토경재배가 수경재배보다 수확량과 맛이 떨어진다고 하는 것은 이유가 따로 있습니다. 즉, 땅심이 극도로 나빠져 있을뿐더러 화학비료도 제대로 균형 있게 주지 않은 흙에서 재배되기에 그런 것입니다.

수경재배는 시설이나 관리 비용이 많이 드는 단점이 있지만, 환경 관리 및 잡초와 병충해 방제나 일정한 규격의 농산물 생산을 위한 품질 관리가 용이하다는 장점이 있습니다. 그러나 친환경농산물 인증을 할 때, 한정된 양분 공급 방법의 생산이니 무농약재배 인증까지는 받을 수 있지만 유기재배 인증까지 받을 수는 없습니다.

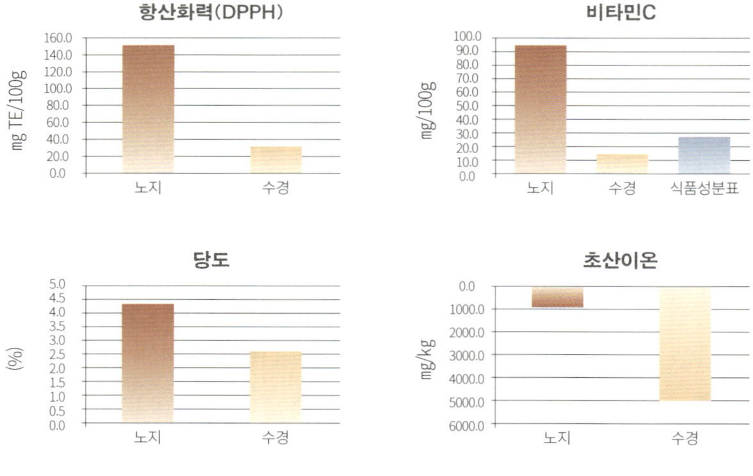

◇ **표 7-3** 크레송의 재배방법별 분석

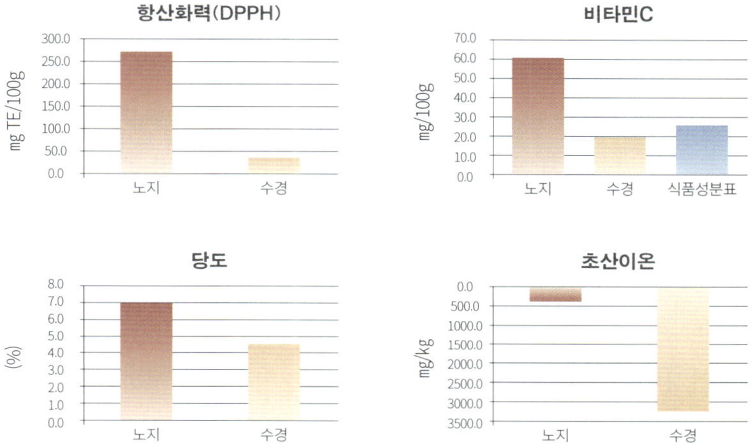

◇ **표 7-4** 대엽의 재배방법별 분석 (이상 출처: "Designer Foods 丹羽眞清 2013")

위의 그래프는 허브식물인 크레송(Water Cress, 물냉이)의 토경재배와 수경재배의 분석 내용인데, 야채의 힘이라고 불리는 항산화력은 토경재배가 수경재배보다 5배, 비타민 C도 5배, 당도는 약 1.76배가 높았고, 우리 몸속에서 암을 일으킨다는 질산이온(질산염) 성분은 수경재배가 5배가 더 많게 나왔습니다. 같은 허브식물인 바질(Basil)은 3배, 대엽(大葉)은 무려 8배가 더 많았습니다.

2) 식물공장

식물공장은 통제된 일정 시설 내에서 빛, 온도, 습도, 양액 조성, 대기가스 농도 등 재배환경 조건을 인공적으로 제어하여 계절이나 장소에 관계없이 농산물을 공산품처럼 연속적으로 생산하는 농업의 한 형태입니다. 식물공장은 조명 장치, 식물재배상(床), 양액공급 장치, 환경 제어 및 재배 시스템 등으로 구성되며, 유형별로는 태양광(太陽光)을 전혀 사용하지 않고 인공광원(人工光原)만으로 광합성을 수행하는 인공광형(완전 제어형) 시설과, 태양광과 인공광을 함께 사용하는 태양광 병용형(부분제어형) 시설로 나눌 수 있습니다.

태양광 병용 시설은 빛과 온도 등 작물의 생육에 필요한 환경을 완전히 통제하지 못하기 때문에, 엄밀한 의미에서의 식물공장은 완전

◇ 식물공장의 모습

한 인위적 환경 제어가 가능한 인공광형 시설만 해당됩니다.

수경재배를 하는 유리 온실은 마치 공장에서 농산물을 생산하는 것처럼 보이기에 식물공장과 혼동하는 경우가 많습니다. 그리고 국화나 잎들깨를 재배할 때 야간 인공 조명을 하는 것도 식물공장과는 거리가 있습니다. 즉, 식물광합성에 100% 인공광만을 사용하는지의 여부에 따라 식물공장인지 아닌지를 판가름할 수 있습니다.

식물공장의 장점으로는 ① 공장 설립 시 입지적인 제약을 받지 않고, ② 기후 등의 영향이 없어 농산물 품질의 안정화와 규격화를 기할 수 있으며, ③ 병충해를 원천적으로 차단해 무농약농산물의 생산이 가능하고, ④ 계절에 관계없이 연중 생산이 가능하며, ⑤ 도시형 농업으로 육성하면 노동력 확보가 용이하고 소비자와 인접하여 수송거리의 단축과 신선도나 유통비용을 절감하는 등 근교농업의 장점을 극대화할 수 있고, ⑥ 농업과 첨단기술의 융합체로서 농업 기술역량의 강화 및 발전에 기여할 수 있다는 점 등을 들 수 있습니다.

그러나 단점도 만만치 않습니다. 즉, 막대한 설비투자와 환경 문제, 경제성 문제는 제쳐두고라도, 우선 맛과 영양 면에서 문제가 있습니다.

앞서 수경재배와 토경재배의 영양가 비교를 했는데, 수경재배와 식물공장은 양액 사용이라는 면에서는 동일합니다. 다만 다른 것은 수경재배가 태양광원을 사용하는 것에 비해 식물공장은 완전히 차단된 상태에서 인공광원만 사용한다는 것입니다.

필자가 실제로 먹어보니, 식물공장의 상추는 맛이 없었습니다. 마치 종이를 씹는 느낌이었지요. 채소에는 각자의 고유한 맛이 있는데,

왜 이리되었을까요?

생각건대, 가장 중요한 이유는 자연적인 환경 조건에서 여러 가지 미네랄 등을 골고루 먹고 자라야 한다는 것이었습니다.

예를 들어보면, 식물에는 피톤치드의 일종인 파이토케미칼이라는 물질이 있습니다. 이는 태양에서 나오는 자외선으로부터 식물 자체를 방어하고자 만들어지는 항산화물질인데, 산야(山野)에서 나는 야채가 파이토케미컬의 보고(寶庫)로 우리 몸에 좋다고 말하는 이유가 바로 여기에 있습니다.

파이토케미컬은 카로티노이드류와 폴리페놀류 및 황화합물류 등이 대표적입니다.

파이토케미칼(phytochemical)은 식물성을 의미하는 '파이토(phyto)'와 화학을 의미하는 '케미칼(chemical)'의 합성어로, 건강에 도움을 주는 생리활성을 가지고 있는 식물성 화학물질을 의미합니다. 생명 유지를 위해 반드시 섭취해야 하는 필수영양소는 아니지만 파이토케미칼의 섭취가 부족할 경우 건강에 좋지 않은 영향을 미칠 수 있습니다. 또한 파이토케미칼은 건강에만 중요한 역할을 하는 것이 아니라 식물의 독특한 맛, 향, 색깔을 부여해 각각의 음식 고유의 개성을 나타내주기도 합니다.

파이토케미칼 종류로는 앞에서 적은 가장 중요한 폴리페놀을 비롯해, 카로테노이드(carotenoid), 이노시톨(inositol), 리그난(lignan), 인돌(indole), 테르펜(terpene) 등 다양한 성분들이 존재합니다.

폴리페놀이 인체 내에 들어오면 "강력한 항산화제"로 작용해 세포

DNA와 세포막의 산화를 억제합니다. 활성산소에 의한 단백질과 지질의 손상을 막아주고, 혈관 손상을 보호하며, 암세포의 증식을 억제하고, 발암물질을 불활성화시키며, 세포의 변이를 방지하여 암을 예방하는 효과를 나타냅니다.

피톤치드에 대해서도 잠시 알아보도록 하지요. 지금, 피톤치드라고 하면 나무에만 존재하고 향기를 내는 물질이라고 잘못 인식되어 있습니다. 그러나 피톤치드는 모든 식물에 존재하고 있습니다.

피톤치드는 식물체에서 공기 중으로 발산되는 향기가 나는 휘발성 물질뿐만 아니라 비휘발성 물질도 모두 포함되며, 산과 들에서 자라는 향기 나는 풀[香草]과 약초, 허브나 한방약의 성분 등도 이에 속합니다. 피톤치드는 식물이 2차적으로 만들어내는 여러 가지 화학 성분으로서, 다른 생물의 생활이나 행동에 영향을 주는 생물활성(생리활성)을 갖는 식물 2차대사성분의 총칭이라고 할 수 있습니다.

숲속에 가면 특유의 향내가 왠지 기분이 상쾌해지는 것을 느끼는데, 이는 잘 알다시피 숲의 나무에서 방출하는 휘발성 성분인 피톤치드의 효과 때문입니다. 피톤치드는 식물이 생산하는 물질 중 미생물이나 해충에 해롭게 작용하는 휘발 성물질로, 이른바 식물이 병원균과 해충을 방제하기 위해 스스로 내뿜는 저분자 휘발성의 방어 물질을 말합니다. 그 종류는 수백, 수천 종이 알려져 있는데, 대개는 화학 명칭으로 '테르펜(terpens)'이라고 하는 주성분으로 구성된 물질입니다.

테르펜은 살균, 진정, 소염 등 20여 종의 약리 작용이 알려져 있지요.

그렇다면 식물공장에서 재배된 식물들은 어떨까요?

식물 각자의 고유한 맛과 영양을 가지려면 자연 환경으로부터 공급되는 풍부한 양분과 태양광이 있어야 가능한데, 단순한 양분과 인공광만으로 재배된 식물에서 사람 몸에 좋은 맛과 영양을 바란다는 것은 불가능한 일입니다. 더구나 무수한 외부의 적들로부터 자신을 방어하기 위해 내뿜는 각종 피톤치드의 효과를 식물공장에서 기대한다는 것은 무망한 일이겠지요.

한마디로, 인위적으로 재배한 채소일수록 옛날의 맛이 나지 않는 것은 필자만의 느낌인지 여러분께 묻고 싶습니다.

3) 토양에서부터 얻는 야채

인체에 필요한 5대 영양소는 탄수화물, 단백질, 지방, 비타민 그리고 미네랄입니다. 그중에서도 미네랄은 건강한 토양에서 자란 야채를 통해 인체에 공급됩니다.

미네랄이 인체에 대해 어떤 작용을 하는지 정리해보면 다음 표와 같습니다.

1. 효소 작용에 필요하다. 2. 신체 부분 형성에 관여한다. 3. 호르몬 생성에 필요하다. 4. 물의 균형 조절을 한다. 5. 체액의 약알칼리성 유지에 필요하다. 6. 비타민의 활성화에 관여한다. 7. 세포의 침투압 작용 조정에 관여한다. 8. 세포까지 영양소를 운반한다.

◇ **표 7-5** 미네랄의 작용

다음은 필자가 글을 읽고 밤잠을 설치며 고민했던 내용입니다. 이 7강을 마무리하며 그 내용을 발췌하여 옮겨보도록 하겠습니다.

"서울의 아산병원이나 삼성병원에 가면 암수술 환자의 60%가 시골에서 올라온 할아버지 할머니입니다. 바로 제초제, 농약과 화학비료가 암의 원인이라는 것을 증명해주는 사실이 아닐 수 없습니다.

질소(화학비료)가 채소를 통해 우리 몸으로 들어오면 니트로소아민으로 변화됩니다. 이 물질은 세계보건기구 지정 1급 발암물질입니다. 제초제 주성분인 글리포세이트가 장에 들어가서 좋은 박테리아를 죽입니다. 인간에게 병을 주는 해로운 박테리아는 항생제나 제초제 글리포세이트에도 잘 죽지 않습니다. 근래에 급증하는 여러 종류의 장 질환은 GMO 유전자조작 콩이나 옥수수로 만든 음식에 들어 있는 글리포세이트가 좋은 미생물을 죽임으로써 병을 일으킵니다. 유익한 균을 죽이고 나쁜 박테리아가 장안에 번식하게 만들어 일어납니다.

농민들보다 심각한 것은 요즘 젊은이들입니다. 요즘 20~30대 젊은 아가씨들이 유방암 발병율이 급속도로 높아지고 있습니다. 우리가 공장에서 만든 식품의 대부분은 GMO 곡물 원료가 들어가 있습니다. GMO는 절대 재배하지도 먹지도 말아야 합니다.

20~30대 유방암, 자궁경부암 발병 증가율 세계 1위, 가장 왕성한 생명력을 지닌 20대 군인들의 경우 무정자증 정자희소증 환자 증가 역시 1위입니다. 체력적으로 가장 건강한 군인들의 정자가 한 마리도 없는 무정자증이 10%가 넘고, 2억~3억 마리가 있어야 정상인데 백 마리밖에 되지 않는 정자희소증 환자가 20%나 됩니다. 군인 10명 중 3명이 임신을 할 수 없다는 것입니다. 저출산 1위 나라인데, 나라가 없어질지도 모릅니다.

유방암과 자궁경부암은 아이를 출산한 임산부에게 발병합니다. 그런데 전체 유방암 발병률에서 40대 이하가 미국은 10%인데 한국은 20%가 넘습니다. 왜 20~30대 처녀들이 유방암 자궁경부함 발병률 세계 1위일까요? 바로 유전자조작 불임 처리된 식품을 너무 많이 먹어서입니다.

우리가 먹는 대부분의 식용유인 카놀라유, 물엿, 올리고당, 아스파탐 등이 유전자조작 옥수수로 만듭니다. 각종 첨가물, 햄과 소시지, 달걀, 소, 닭, 돼지 등 대부분의 음식물이 GMO 유전자조작된 콩과 옥수수와 유채(카놀라)로 키운 육고기와 가공식품입니다. 또한 빵, 햄버거, 라면, 과자 등은 제초제 글리포세이트를 뿌리고 방부제를 15번 정도 친 수입밀 식품들입니다.

즉, 한국은 유전자조작 식용 GMO 수입 세계 1위입니다

GMO 유전자조작 표시제가 특별한 추가 비용이 들지 않습니다. 포장지에 유전자조작 표시만 하면 되는데 생산비용이 많이 든다고 식품업계가 반대해요. CJ, 몬산토 등은 직접 자기 얼굴을 내밀지 않습니다. 국회에 로비를 하고 관련 학계, 식품영양학자, 바이오 학자들 그리고 농약 및 GMO 연구기관이 알아서 대변해주고 있습니다. "농약은 과학이다!" "GMO, GAP도 친환경 농산물이다"라고요.

이러다간 우리 젊은이들이 장차 실험실 쥐 신세가 될지 모릅니다. 불임·난임률에 대한 보건복지부 통계가 심각합니다. 5년 이내에 아이를 못 갖는 신혼부부들이 매년 늘어나고 있어요. 그래서 체외수정을 하는데, 또 이게 3000만 원 하다가 요즘 5000만 원으로 올라갔습니다.

건강하게 오래 사는 것이 가장 큰 행복입니다. 요즘 부모들은 자식을 하나둘 낳기에 자식을 위해서라면 죽는 것 빼고는 다 해주려고 합니다. 그렇게 사랑하는 자식이 의사 판사 같은, 사자가 들어가는 출세를 해서 좋은 집에 살고 좋은 차를 타고 다니길 원합니다. 그 사자가 들어가는 출세를 시키고 싶은데, 먹는 것은 대충대충 먹이죠. 햄버거, 통닭, 소세지 등 아무거나 막 먹이죠.

자식이나 손자가 판사나 의사가 되었는데 과거에 아무거나 막 먹어서 암에 걸렸다면 어떻게 될까요? 그 어떤 출세를 했을지라도 건강을 잃으면 아무것도 할 수 없습니다. 그렇습니다. 건강하게 사는 것이 가장 큰 행복입니다. 아파트 50평에 살면서 농약을 친 농산물을 먹는 것보다 20평에 살면서 친환경농산물을 먹는 것이 더 중요하다는 것입니다. 백화점 명품 옷만 입으면서 농약을 친 일반농산물을 먹는 것처럼 어리석은 일이 없습니다. 농약을 친 농산물을 먹고 암이 걸린다면 그 비싼 명품이 무슨 의미가 있을까요?"

_최종수 신부님 글에서 발췌.

양질의 퇴비란 무엇인가?

8강

1

퇴비란?

퇴비 제조에 사용되는 원료는 산야초, 짚, 낙엽, 조류(藻類)와 축산의 분뇨, 기타 동식물의 가공 시에 발생되는 부산물 또는 폐기물이며, 이를 퇴적하여 발효시킨 것이 퇴비입니다. 토양이나 대기 중에는 세균, 방선균, 사상균 등 다양한 종류의 미생물이 존재합니다. 이런 미생물은 통기성과 수분, 그리고 먹이 등 서식하기에 적합한 환경이 주어지면 유기물을 분해합니다. 이 같은 과정이 퇴비화이고, 주로 호기성 미생물이 관여하고 있습니다.

현재 우리나라에는 퇴비를 제조하는 공장이 약 1,400여 개 이상이 있다고 합니다. 1960년대까지만 해도 공장 제품의 퇴비를 볼 수가 어려웠고, 1970년대에 들어서서 비료관리법에 의한 특수 비료로 분류된 퇴비, 구비, 초목회, 분뇨잔사, 계분 등의 제조공장이 약 60여 개 정도였습니다. 지금은 공장 수와 생산량이 많이 는 것은 사실이지만, 과연 질적인 향상으로까지 이어졌다고는 말할 수 없어 안타깝습니다.

40~50년 전만 해도 시골 농가마다 집 기둥에 붙여놓은 입춘대길(立春大吉)과 더불어 "소지황금출(掃地黃金出)"이라는 글귀를 볼 수 있었지요. 이는 마당을 쓸고 농사에서 얻은 폐기물들을 주워 모아 질 좋은 퇴비를 만들어 다시 농토에 되돌려주면 농사가 잘 되어 큰 소득(황금)을 얻을 수 있다는 뜻입니다. 퇴비의 중요성을 잘 나타낸 말이 아닌가 합니다. 예로부터 우리 조상들은 퇴비 만드는 것을 농사의 근본으로 생각했고, 옛 농서에도 퇴비 만들기가 농사에서 가장 힘써야 할 일이라고 기록하고 있습니다.

2

퇴비의 종류와 사용 원료

현행 비료관리법(2018.03.30)상 비료의 종류는 보통비료와 부산물비료로 나누어져 있습니다. 세부적으로는 각종 비료에 필수적으로 함유되어야 할 주성분과 유해 성분, 그리고 기타 규격을 정한 비료공정규격이 있습니다.

① 부산물비료

부산물비료는 ㉮ 부숙유기질비료, ㉯ 유기질비료, ㉰ 미생물비료, ㉲ 그 밖의 비료로 나누어집니다.

② 부산물비료의 부숙비료

이에 속하는 비료의 종류로는 (01) 가축분퇴비, (02) 퇴비, (03) 부숙겨, (05) 분뇨잔사, (06) 부엽토, (10) 건조축산폐기물, (11) 가축분뇨발효액, (12) 부숙왕겨, (13) 부숙톱밥 등 9종이 있습니다.

③ 부산물비료의 유기질비료

여기에 속하는 비료의 종류로는 ⓐ 어박, ⓑ 골분, ⓒ 잠용유박, ⓓ 대두박, ⓔ 채종유박, ⓕ 면실유박, ⓖ 깻묵, ⓗ 낙화생유박, ⓘ 아주까리유박, ⓙ 기타 식물성유박, ⓚ 미강유박, ⓛ 혼합유박, ⓜ 가공계분, ⓝ 혼합유기질, ⓞ 증제피혁분, ⓟ 맥주오니, ⓠ 유기복합, ⓡ 혈분 등 18종이 있습니다.

④ 부산물비료의 미생물비료

여기에 속하는 비료의 종류는 토양미생물제제입니다.

⑤ 부산물비료의 그 밖의 비료

㉮ 건계분, ㉯ 지렁이 분, ㉰ 동애등에분 등 3종이 있습니다.

퇴비는 어떤 재료를 사용하여 제조를 하더라도 반드시 발효 과정을 거쳐야 하는 공통점이 있고, 우리나라 비료관리법에서는 사용하는 원료에 따라 그 제품의 명칭을 달리하고 있습니다다. 그래서 현행 부산물비료로 분류되어 있는 것 중 (01) 가축분퇴비, (02) 퇴비, (03) 부숙겨, (12) 부숙왕겨, (13) 부숙톱밥 등은 반드시 부숙 과정이 필요하므로 모두 퇴비의 범주에 속한다고 볼 수 있습니다.

또한 실제 퇴비 제조 과정이 제아무리 완벽하다 하더라도 원료가 오염되었거나 질이 나쁜 것을 사용했을 때는 우리가 원하는 품질 좋은 제품을 기대할 수 없습니다. 원료가 매우 중요한 이유입니다.

비료관리법에서 정한 원료 사용에 대한 구분을 보면,

① 퇴비 원료로 사용 가능한 물질과 사용 불가능한 물질로 나누고 있는데, 사용 가능한 원료로는,

㉮ 농림부산물류(짚류, 왕겨, 미강, 녹비, 농작물잔사, 낙엽, 수피, 톱밥, 목편, 부엽토, 야생초, 폐사료, 한약찌꺼기, 이탄, 토탄, 갈탄 및 기타 유사 물질 포함), 사업장(골프장 등) 잔디 예초물, 광물질(석회질비료 또는 제오라이트에 한해서 전체 원료의 5% 이내).

㉯ 수산부산물(어분, 어묵찌꺼기, 해초찌꺼기, 게껍질, 해산물 도매 및 소매장 부산물포함). 폐수처리오니는 제외.

㉰ 인, 축분뇨 등 동물의 분뇨(인분뇨 처리 잔사, 구비, 우분뇨, 돈분뇨, 계분, 기타 동물의 분뇨). 폐수처리오니는 제외.

㉱ 음식물류 폐기물. 폐수처리오니는 제외.

㉲ 식료품제조업, 유통업, 또는 판매업에서 발생하는 동·식물성 잔재물(도축, 고기 가공 및 저장, 낙농업, 과실 및 야채, 통조림 및 저장가공, 동식물 유지류, 빵 제품 및 국수, 설탕 및 과자, 배합사료, 조미료, 두부, 주정, 소주, 인삼주, 증류주, 약주 및 탁주, 청주, 포도주, 맥주, 청량음료, 다류, 담배 제조업 및 기타. 폐수처리오니 제외

로 되어 있습니다.

② **사전 분석 검토 후 사용 가능한 원료로는,**

㉮ 식료품 제조 및 판매업(수산 포함)에서 발생하는 폐수처리오니.

㉯ 음료품 및 담배 제조업에서 발생하는 폐수처리오니.

㉰ 종이 제조업에서 발생하는 부산물 및 폐수처리오니.

㉱ 읍, 면 단위 농어촌 지역 생활하수오니.

㉲ 제약업에서 발생하는 부산물 및 폐수처리오니로 물리적 추출, 발효 단순 혼합, 무균 조작으로 제조하는 과정에서 발생하는 경우에 한함.

㉳ 화장품 제조업에서 발생하는 부산물 및 폐수처리오니.

㉴ 인, 축분뇨 등 동물 분뇨의 폐수처리오니.

㉵ 음식물류 폐기물의 폐수처리오니.

㉶ 기타 위 항과 유사한 것 중 퇴비 원료로 활용 가치가 있는 물질

로 되어 있는데 이를 퇴비의 원료로 사용하고자 하는 자는 폐수처리공정에 첨가되는 물질의 종류 특성과 오니 중 이화학적 성분, 재료의 토양 오염 및 분해성의 자료를 국립농업과학원장이 검토한 후 지정고시토록 되어 있다.

3

퇴비 제조 시 원료의 오염은 농사에 곧바로 피해를 준다

아무리 좋은 퇴비 원료의 소재라 할지라도 오염이 되어 있으면 안 됩니다.

우리나라 비료관리법상 퇴비공정규격에 정해져 있는 중금속들은 수은, 납, 카드뮴, 비소, 구리, 아연, 크롬, 니켈 등 8종인데, 이 중금속들은 분해가 안 되므로 계속 축적되면 토양 오염으로 작물 생육에도 문제가 생깁니다. 중금속은 인체에 들어오면 성장호르몬의 분비를 방해하고 또 몸속의 효소를 굳혀버립니다. 수은은 사람과 가축 분뇨에서, 납은 종이 슬러지에서, 아연은 수산물 폐수처리오니에서, 구리는 새끼돼지의 분뇨에서, 이따이 이따이 병을 일으키는 카드뮴은 식품가공공장의 폐수처리오니에서 주로 많이 발생합니다. 이를 퇴비 원료로 사용했을 때는 토양이 바로 오염될 수 있습니다.

흔히들 우리는 물과 공기의 오염을 많이 우려하고 있는데 사실 이것들은 태풍 같은 것이 한 번 지나가면 순식간에 바꿀 수 있지만, 토양에 흡착된 중금속 같은 것은 장기간 없어지지 않습니다.

4

퇴비 제조의 목적

1) 유기물 중에 탄소와 질소는 구성원소들이므로 반드시 들어 있다.

이 두 가지 성분량의 비율을 탄질률 또는 C/N율이라고 하는데, 미생물의 먹이로서 탄소는 에너지원이고 질소는 영양원입니다.

① 탄질률이 높은 재료인 볏짚, 보릿짚, 콩대, 수수대, 톱밥 등의 경우

이 경우는 탄질률이 30 이상으로, 토양의 탄질률인 10 전후보다 높으므로 조정을 하지 않고 생것을 그대로 토양에 넣으면 토양 속 미생물들이 이를 분해시키기 위해 갑자기 다량 발생하게 되며, 이 미생물들이 탄소를 급격히 분해시킵니다.

이때 질소 성분도 동시에 다량 필요해지므로 작물에 일시적인 질소부족현상이 일어나는데, 이를 질소기아현상 또는 탈질현상 등이라고 합니다. 퇴비를 제조할 때는 반드시 탄질률 30~40 정도로 조정이 필요합니다.

만약에 이 미생물들이 이용한 질소 성분들이 나중에 방출된다고 하더라도 일시적인 생육의 지연은 피할 수 없습니다. 때에 따라서는 질소 등이 늦게 효력이 나타나 불량한 열매나 푸르게 익는 열매, 또는 가스피해 등을 볼 수 있습니다.

② 탄질률이 7~20 전후인 가축분이나 오니(슬러지)의 경우

이는 그대로도 완숙퇴비의 탄질률과 동등하거나 그보다 훨씬 낮은 수치입니다.

탄소에 대한 질소의 비율이 볏짚이나 보릿짚, 낙엽보다도 훨씬 높고 분해하기 쉬운 유기물들이 많이 함유되어 있습니다.

이 유기물 속에는 미생물의 활동과 증식에 필요한 에너지원(탄소)과 영양원(질소)이 풍부하고 이용하기 쉬운 형태로 되어 있으므로, 이와 같은 유기물을 그대로 토양에 시용하면 급격한 분해가 일어나 다량의 탄산가스 발생으로 산소부족현상 외에 암모니아가스나 환원성가스 등이 발생합니다. 그 결과, 농작물은 호흡장해를 일으켜 양분과 수분의 흡수가 억제되고 생육이 불량해집니다.

따라서 탄질률이 낮은 유기물이라도 해도 분해되기 쉬운 미숙한 유기물을 다량 시용하면 작물에 악영향을 나타내므로 시용 전에 이를 분해시켜 효과적으로 안전하게 하는 것이 퇴비화 작업입니다.

2) 퇴비 재료의 유기물에 함유된 유기화합물질(수용성 당분과 질소 포함) 등 유해 성분을 미리 분해한다.

이렇게 함으로써 시비 후 작물의 생육장해를 미연에 방지하고 유용한 미생물(천적 미생물)을 퇴비 속에 대량 번식시켜 토양 속에 공급함으로써 병원균을 억제 또는 포식하고 해충의 방제 효과도 얻도록 합니다.

3) 퇴비의 고온 발효 시 유기물 중의 유해 병원균과 해충 및 잡초의 종자를 고열에 의하여 미리 사멸시킨다.

발효온도별	균 사멸 관계
50°C	유해 선충
60°C	다수 식물의 병원균
70°C	다수의 박테리아
80°C	다수의 잡초 종자
90°C	내열성 잡초 종자
100°C	내열성 바이러스

◇ **표 8-1** 발효온도에 따른 균의 사멸

5

퇴비화 과정

퇴비화 과정이란 볏짚류, 가축분, 톱밥, 왕겨, 나뭇가지 등과 같은 신선 유기물을 미생물이 번식하기에 좋은 조건을 만들어주어 유해 성분과 조직 등을 미리 분해시켜 작물 생육에 좋도록 하는 것입니다. 장기간 실험해본 결과 퇴비 재료에 따라 다소 차이는 있겠지만 최소한 3개월 이상 반드시 호기성 발효에서 얻어진 완숙퇴비라야 농사에 도움이 됩니다.

6

발효온도에 따른 균의 사멸 관계

퇴비는 발효 초기에 꼭 고온으로 발효를 시켜야 합니다. 퇴비 제조 시 초기에 약 1개월 정도 고온 발효가 계속되지 않으면 유해한 균들을 길러서 토양에 넣어주는 결과가 빚어집니다.

퇴비를 만들 때 고온으로 발효를 시켜야 한다는 의견과, 고온으로 발효를 시키면 유기물이 타버리니 저온으로 발효를 시켜야 한다는 논쟁을 주위에서 가끔 들을 수가 있습니다.

퇴비의 발효온도는 퇴비의 원료 못지않게 중요한 핵심 요소입니다.

실험을 위해 퇴비를 1톤 미만 발효시킬 때는 온도가 60°C 이상으로 잘 올라가지 않습니다.

그러나 상업적 목적으로 공장에서 수십 톤씩 대량 발효시킬 때는 온도가 70°C 이상 올라갑니다. 40°C 전후에서 유기물의 분해가 가장 잘 된다는 얘기는 이 온도에서 잘 활동할 수 있는 각종 미생물들의 종류와 숫자가 많다는 얘기도 됩니다.

그러나 정확한 대답은, 농사를 잘 짓기 위해서는 사용할 퇴비의 발효 초기 온도가 고온이어야 한다는 것입니다. 왜냐하면 퇴비 원료에는 유익한 미생물보다 식물 생육과 토양에 나쁜 영향을 주는 잡균들이 많이 포함되어 있기 때문입니다.

또한 잡초 종자가 들어 있을 수도 있고, 동식물의 부산물에도 분해가 덜 된 유기화합물이 포함되어 있습니다. 축분일 경우에는 각종 항생물질을 비롯해 수의약품과 소화가 덜 된 미분해 사료에 잔류되어 있는 나쁜 성분이나 유해 미생물들이 문제가 될 수 있습니다.

특히 퇴비의 유기질원으로 자주 사용하는 목재부산물(톱밥이나 수피)의 탄닌이나 수지 등은 어린 식물의 발아와 발근을 방해 또는 억제하는 성질이 있습니다. 이러한 성분은 반드시 적어도 60℃ 이상에서 1개월 이상 고온 발효를 시켜야만 분해 또는 불용성화가 됩니다.

연작 시 작물 뿌리에 많은 피해를 주는 선충과 다수 식물의 병원균 등은 50℃ 정도에서는 죽지 않고 오히려 더 번식합니다. 이런 균들은 최소한 60℃ 이상은 되어야 사멸합니다. 대부분의 박테리아는 70℃에서 죽고, 다수의 잡초 종자는 80℃에서 죽으며, 내열성 잡초 종자는 90℃, 내열성 바이러스는 100℃에서 사멸합니다. 그래서 퇴비 발효 초기에는 여러 발효 조건을 잘 맞추어 최소한 60~65℃ 이상 고온 발효로 나쁜 잡균이나 잡초 종자, 유해물질 등을 죽이거나 분해해야 하는 것입니다.

고온 발효 후에 후숙 단계에서는 병충해를 막아주는 천연항생물질을 갖고 있는 방선균류나 트리코델마(곰팡이) 같은 유익한 균을 많이 번식시킵니다. 유익한 균들의 밀도를 높여 토양에 투입하는 것은 유기물 공급 목적 다음으로 중요한 퇴비 시용의 목적입니다.

농사를 잘 짓고 경험이 많은 농부일수록 "퇴비는 발효가 생명"이라고 말합니다. 아주 지당한 말입니다. 완숙퇴비와 생퇴비를 똑같은 무게나 같은 부피의 양으로 투입한 후 농사를 지어보면 그 결과를 당장 알 수 있습니다. 생퇴비는 반드시 토양 속에서 후발효가 일어나 작물에 피해를 주고 또 병충해도 많이 발생시키지만, 완숙퇴비는 그렇지 않습니다. 발효는 무시한 채 무조건 유기물만 많이 넣으면 된다는 식의 사고방식은 위험천만한 것입니다.

다시 한 번 강조하지만, 우리의 농토에는 매년 작물의 재배로 인해 각종 병을 일으키는 유해 병원균들이 많이 생깁니다. 이런 땅에, 발효가 잘 된 방선균을 포함한 유익한 균들이 듬뿍 들어 있는 퇴비를 준다면, 이 균들이 유해 미생물들을 잡아먹는 천적 역할을 해주므로 병충해를 줄일 수 있고, 그 농토는 점점 살아 있는 땅이 됩니다. 그러나 반대로 생퇴비나 미숙퇴비를 넣어주면, 퇴비 속에 좋은 미생물은 없고 나쁜 미생물들이 들어 있어 병충해 발생이 더 심각해지고, 그럴수록 농약의 신세를 더 많이 지게 되면서 점점 나쁜 땅으로 변해갈 것입니다.

요즘 첨단농법이라며 IT기술을 접목한 시설로 재배 환경과 양분을 자동 조절하고, 또 토양분석을 하여 비료량을 얼마 넣으면 된다는 식으로 짓는 농사가 화제가 되고 있지만, 이는 단기작에서는 가능해도 매년 지속하기는 어렵습니다. 딸기 고설재배의 경우에도 이와 같이 재배 후 2~3년마다 흙을 바꾸어야 하는데 토양유기물이 없으면 결국 연작피해를 막을 수 없기 때문입니다.

대규모의 자본이 투입되어야 하는 이런 방법보다는, 질 좋은 퇴비를 만들어 이를 활용해 땅심을 살림으로써, 병충해를 줄이거나 아예 없애고 지속적으로 건강에 좋은 고품질·다수확을 하는 것이 훨씬 우수한 최고의 첨단과학농법이라고 필자는 생각합니다.

그리고 3개월 발효된 퇴비와 시중에 유통되는 일반 미숙퇴비와의 방선균류 숫자 조사를 해보니 중온성 방선균류는 300배, 고온성 방선균류는 30배 정도의 차이가 났습니다.

퇴비 시용의 목적은 토양의 통기성과 배수성을 비롯한 물리적 개선 외에 생물학적인 효과와 화학적 개량 등 종합적인 효과를 볼 수 있기 때문입니다. 그중에서도 가장 중요한 두 가지를 꼽으라면 첫째가 토양에 유기물을 공급하는 것이고, 둘째는 퇴비 발효 시 그 속에 유익한 미생물을 배양시킨 후 농토에 넣어줌으로써 유해 미생물의 생육을 억제 또는 잡아먹는 천적 역할을 하게 하는 것입니다.

요컨대, 친환경농업을 한답시고 퇴비 발효에는 별 관심이 없고 생유기물이라도 그저 넣기만 하면 된다는 식의 사고는 아주 위험합니다. 땅의 지력과, 이에 수반되는 생명력은 모두가 잘 발효된 퇴비에서 나온다는 것을 명심해야 할 것입니다.

좋은 토양 1g당 미생물 숫자는 10억 마리 이상이 된다고 하지만, 2억 마리 정도만 되어도 쓸 만한 땅입니다.

그러나 우리나라 토양의 미생물은 그동안 질 좋은 퇴비를 적정량 사용하지 못하고 화학비료와 제초제를 남용함으로써, 1992년 11월의 자료에 따르면 그 숫자가 4천만 마리 정도로서 쓸 만한 땅의 1/5에 불과했습니다. 2020년을 눈앞에 둔 지금은 아마도 그보다 훨씬 더 적어졌다고 볼 수 있습니다.

결론적으로, 질 좋은 원료를 선택하여 발효를 잘 시킨 것이 최고 품질의 퇴비이며, 농토가 좁아 윤작이 쉽지 않고 집약적인 농사를 해야만 하는 우리나라의 실정에서, 농사의 기본은 땅을 가꾸는 퇴비에서부터 시작된다는 것을 잊지 말아야 할 것입니다.

7

퇴비는 호기성 발효가 좋을까? 혐기성 발효가 좋을까?

퇴비를 만들 때 호기성 발효를 할 것이냐 혐기성 발효를 할 것이냐를 두고 고민하거나 그 효과에 대해서 궁금해하는 농가가 많습니다.

호기성 발효란 공기(산소)가 잘 통하게 한 상태에서 부숙을 진행시키는 방법으로, 적당한 수분 조절과 공기가 잘 통하게 퇴비더미를 쌓고 퇴비더미의 온도가 올라갔다가 내려갈 때마다 자주 뒤집어주는 방법을 말합니다.

일반적으로 퇴비의 제조는 주로 이 호기성 발효를 말합니다.

통기성이 좋을 때는 산소를 좋아하는 미생물들이 많아져 산소 소모가 크므로 그들의 호흡열에 의해 고온으로 발효가 진행되고, 통기성이 나빠져 산소가 부족해지면 이 미생물들의 숫자가 줄어들고 그 반대로 공기를 싫어하는 미생물들이 득세하여 혐기성으로 변하면서 온도가 떨어지기도 합니다. 퇴비더미를 뒤적여주는 주요 이유는 공기(산소)

를 공급하는 데 있습니다.

혐기성 발효란 가능한 한 단단하게 재료를 혼합해서 쌓고 수분도 넉넉하게 준 후 뒤집기도 거의 안 하는 방법입니다. 비닐 같은 것으로 밀폐하고, 온도가 올라갈 때면 더욱 굳어지도록 힘껏 밟거나 물을 뿌려주거나 해서 온도를 내려주는 게 혐기성 발효 퇴비의 중요한 원리입니다.

그런데 사실, 퇴비의 발효를 호기성 발효다, 혐기성 발효다, 라고 딱 잘라서 판정하기는 쉽지가 않습니다. 왜냐하면 퇴비 발효는 어디까지나 호기성 미생물과 혐기성 미생물의 합작품이지 어느 일방적인 것에 의한 것이 아니기 때문입니다. 다만, 발효 방법의 비중이 어느 쪽이 더 크냐에 따라서 완성된 퇴비의 품질이 달라지는 것은 사실입니다.

호기성 퇴비의 경우 재료의 색깔도 변하고 재료의 원형도 흐트러져 있지만, 혐기성 퇴비의 경우는 재료의 색깔이 약간의 붉은 색깔을 띠기도 하고 재료의 원형도 그대로 남겨져 있는 것을 볼 수 있습니다.

그러면 어느 쪽으로 하는 것이 좋을까요?

일단 고온 발효를 시키면 질소분과 유기물의 에너지가 손실되고 재료의 원형이 많이 분해되어 토양 내에서 물리성 개량 효과도 적습니다. 그런 점에서는 혐기성 발효 쪽이 우수하다고 보는 견해도 있습니다. 게다가 사람이 먹는 김치나 가축의 먹이로 하는 사일리지는 영양분을 유지하기 위해 철저하게 혐기성 발효를 시킵니다.

퇴비 발효에서도 혐기성 발효일 경우 영양분을 포함한 여러 가지 장점을 살릴 수 있습니다. 그러나 자칫 잘못하면 실패할 확률이 높고,

퇴비 재료에 따라서는 발효 온도가 고온으로 올라가야만 되는 것이 있으므로 문제가 있습니다.

최근 퇴비 재료에 사용되는 유기질원이 부족하여 나무에서 얻는 수피나 톱밥, 대팻밥 등 목질류를 사용하는 사례가 많은데, 이때 고온으로 발효를 시키지 않을 경우 나무 자체의 독소인 유기화합물을 분해할 수 없어 종자가 발아를 못 하거나 어린 모종이 발근을 못 하는 문제가 발생합니다. 그래서 목질류를 원료로 사용하는 퇴비는 반드시 고온으로 장기간 발효를 시켜야 하는 것입니다.

또한 혐기성 발효에서는 토양 병원균이 죽지 않고 살아남거나 잡균이 많은 "썩은 퇴비"가 될 가능성도 있습니다. 우리 인체에 비유해보면, 장티푸스에 걸리면 체온이 40.5°C까지 올라간다고 합니다. 정상 체온이 36.5°C인데 4°C나 체온이 더 올라감으로써 몸속의 각종 병균들을 사멸시키는 것입니다. 그래서 이 병을 한번 앓고 나면 잔병이 없어지듯이 된다고 하는데, 마찬가지로 퇴비도 고온 발효가 되면 잡균을 사멸시킵니다.

우리가 퇴비를 주는 것은 토양유기물의 확보 및 유지를 통해 농작물이 잘 자라도록 땅의 물리적인 환경을 조성하고 양분을 공급하는 것이 주 목적이지만, 퇴비 발효 시 퇴비 속에 생긴 미생물들이 토양 속에 들어가 이른바 길항미생물로서 병의 발생을 억제하거나 천적 역할을 하게 하는 것도 중요한 목적입니다.

몇 년 전 일본으로 출장 갔을 때 시설원예농가에 대한 재배 기술을 지도하는 분을 만난 적이 있습니다. 그분은 말하기를, 나쁜 퇴비(불량퇴비)를 대량으로 넣는 것보다, 소량이라도 유익균이 많은 퇴비를 준비해서 한 그루 또는 한 포기씩 구덩이에 그 퇴비를 넣고 재배하는 것이 훨씬 현명하고 경제적이라고 했습니다.

이 말인즉슨, 뿌리가 많이 뻗는 부분에 집중적으로 퇴비를 많이 주어 뿌리 주위에 유익한 근권미생물을 풍부하게 확보하고 초기에 뿌리 주위의 미생물들이 세력을 유지하게 하면, 이후에도 유익한 미생물이 적은 곳으로 뿌리가 뻗더라도 뿌리 주위 미생물상태가 계속 유지됨으로서 유해한 균들의 영향을 적게 받는다는 뜻입니다.

최근 전국에서 고추재배 농가를 포함하여 토마토, 멜론, 오이 등 과채류와 엽채류, 근채류, 인삼을 비롯한 각종 특용작물 등 다양한 작물의 재배 농민들에게 들은 바에 의하면, 톱밥퇴비를 발효할 때 생긴 미생물을 정식 전이나 후에 밭에 뿌리는 것도 좋은데 미리 상토에 혼용하거나 침지를 하면 모종이 충실하고 정식 후에도 골치 아픈 역병, 탄저병, 시들음병, 입고병 등의 피해를 줄일 수 있어 훨씬 더 좋다고 합니다.

또한 딸기 모종에 대해서도 이 미생물을 처리했을 때 탄저병과 위황병을 예방했다는 경험담은, 어린 모종 때부터 뿌리 주위에 유익한 미생물을 확보해주는 것이 얼마나 중요한가를 알 수 있게 해줍니다.

앞에서 퇴비를 발효시킬 때 유익한 미생물들이 많이 생긴다고 했는데, 완숙된 퇴비 속에는 약 2,000종의 유익한 미생물이 살고 있습니다.

10여 년 전 국립 경상대학교에서는 톱밥퇴비의 발효 과정에서 생긴 천적 미생물인 트리코델마라는 곰팡이균을 분리 배양하는 데 성공해서 미생물제제(제품명: 토리)로 시판하게 된 바 있습니다.

최근 세계적으로 유명한 미국학술지(New Phytologist, 2017)에 소개된 트리코델마 하지아눔의 효과를 적어보면 다음의 "알아봅시다"와 같습니다.

알 아 봅 시 다

트리코델마—경이로운 다기능 미생물—의 10가지 역할

① 부식 생성

섬유질 유기물을 토양에서 35년간 지속될 수 있는 안정된 유기물로 전환함으로써 이산화탄소에 의한 지구의 온난화를 방지하는 데 중요한 역할을 합니다.

② 병원균에 기생

트리코델마는 키티나제(키틴 분해효소)를 방출하여 다양한 종류의 파괴적인 병원균을 공격하여 먹이로 합니다.

③ 길항작용

트리코델마는 불리한 환경에 적응을 잘 하고 복원력이 높으며, 근권에서 철을 킬레이트화하여 이용하는 능력이 있어 피시움을 비롯한 타 미생물이 철 결핍으로 죽음에 이르게 합니다.

④ 뿌리와 줄기 생장 촉진

트리코델마는 셀룰라제(섬유 분해효소)와 단백질 분해효소를 생산하여 뿌리의 외부 세포를 분해하여 뿌리의 집락 형성이 가능하게 합니다. 오옥신 유사 호르몬을 방출하여 뿌리와 줄기 생장에 큰 영향을 줍니다.

⑤ 식물 면역력 증강

트리코델마가 식물에 침투하면 식물은 공격으로 인식하여 방어벽과 항체를 형성하며, 이후 병원성 미생물이 침입할 때 방어력, 즉 면역력이 증강됩니다. 면역력이 증강되면 작물 수량도 늘어납니다. 따라서 트리코데마 접종제는 수량 증가제로 유명합니다.

⑥ 인산 가용화

트리코델마는 산성 물질을 내어 인산칼슘의 연결고리를 끊어, 작물이 흡수하기 쉽게 합니다. 또, 균사는 뿌리에서 멀리 있는 인산을 흡수하도록 돕습니다.

⑦ 식물의 양분 흡수 촉진

미네랄은 pH6.4에서 가장 잘 흡수되는데, 트리코델마가 생산하는 산성 물질이 적정 pH를 유지하는 데 기여하며, 구리, 철, 망간, 칼슘, 인의 흡수를 촉진합니다. 필리핀 정부는 NPK 기비에 트리코델마를 함유하도록 장려합니다.

⑧ 신호 전달 촉진

식물 뿌리와 미생물 사이에 신호를 교환하고 수용하면서 역동적인 의사소통을 합니다. 면역 반응을 포함한 많은 식물의 과정들이 신호에 의해 영향을 받습니다. 트리코델마가 생산하는 2차 대사산물이 신호 분자로 작용할 수 있다는 증거가 있습니다.

⑨ 2차 대사산물 생산

트리코델마는 300가지의 대사산물을 생산하며, 이들은 면역과 활력 등 다양한 식물의 과정을 증강합니다.

⑩ 항생제 생산

트리코델마는 섬유소가 풍부할 때는 섬유 분해효소를 생산하며, 병균이 있을 때는 키티나제를 생산하여 병원균의 균사를 분해합니다. 또, 빠르게 생육하여 병원균과 경쟁하고, 식물의 면역 반응을 촉발하여 유해 미생물의 생존을 어렵게 합니다. 트리코델마는 침입자에 대항하기 위해 항생제를 생산할 수도 있습니다.

8

완전퇴비와 불완전퇴비란?

지금까지 우리는 어떤 방법이로든 유기물을 띄우기만 하면 그것이 퇴비라고 알아왔습니다.

그러나 앞에서 말했듯이, 퇴비는 발효 방법에 따라서 흙속에서 서로 상반된 차이를 보입니다. 호기성 발효로 얻은 퇴비는 흙속에서 염기류(석회, 고토, 칼리 등)와 결합되므로 중성의 토양부식(휴머스)이 되어 완전퇴비라고 할 수 있고, 반대로 퇴비가 처음부터 혐기성 미생물에 의해 생성된 것은 흙속에서 수소이온과 결합하여 산성부식이 되어 불완전퇴비라고 할 수 있습니다.

퇴비의 분해는 두 가지로 나누는데 호기성 미생물에 의한 산화분해와 혐기성 미생물에 의한 환원분해가 있습니다. 혐기성 분해로는 산성부식이 되기 쉽습니다. 이는 지력의 모체로서 종합적인 효과가 없습니다.

알 아 봅 시 다

완전퇴비와 불완전퇴비

① 완전퇴비(호기성 발효)

리그닌단백복합체(리그닌 + 미생물의 사체) + 염기류(Ca, Mg, K) = 중성토양휴머스(부식)

= 완전퇴비

② 불완전퇴비(혐기성 발효)

리그닌단백복합체(리그닌 + 미생물의 사체) + 수소이온 = 산성토양휴머스(부식)

= 불완전퇴비

일반적으로 퇴비를 만들 때 주의해야 할 점은 많은 경비와 시간과 노력을 들여 만든 퇴비가 토양 개량에 도움이 되어야 하는데, 전혀 도움이 안 되는 불완전퇴비를 만드는 것입니다.

피트(Peat, 泥炭)는 주로 저습지나 소택지(沼澤池) 및 땅속에서 이끼류, 갈대, 사초(莎草) 등의 화본과 식물이나 소나무류, 자작나무 등의 수목들의 유체가 수만 년 동안 퇴적된 퇴적물로서, 유체가 완전히 분해된 것은 아니며 황갈색 또는 암갈색으로 되어 있습니다.

산성 땅에서 잘 자라는 블루베리를 재배할 때 많이들 사용하는 피트모스는 습지, 늪 등에서 수생식물류 및 그 밖의 것이 다소 부식화되어 쌓인 것으로, pH가 4.0 앞뒤 정도로 모두 공기가 부족한 상태에서 만들어진 강산성 물질입니다. 석회로 중화시켜 일반 작물에 사용한다 하더라도 산성부식이므로, 유기물로서 수분 보유 등의 효과는 볼 수 있을지 모르지만 땅심을 좋게 하는 올바른 토양개량제는 아니라고 생각합니다.

9

발효퇴비와 썩은 퇴비의 차이는?

구분	발효퇴비	썩은 퇴비
양분	- 유효균이 대량 번식하며 이 미생물체의 60%가 좋은 단백질이다. (호기성 발효)	- 이미 퇴비 속 양분의 40%가 유실되었다. (혐기 상태)
가스	- 분해 시 탄산가스의 발생으로 건강한 작물을 다수확하게 된다.	- 분해 시 유기산 피해를 본다. (메탄가스, 질산가스, 인돌, 스카돌 등 악취가 남)
병원균	- 고온에서 발효되므로 해충, 병원균, 잡초 종자 등이 사멸되고 유효균이 배양되어 있다. - 방선균이 활성화되어 있다. - 사상균 및 잡균이 거의 없다.	- 저온에서 발효되므로 유해 병원균이 많다. - 유해 선충도 많다. - 방선균이 거의 없다. - 사상균 및 잡균이 많이 번식되어 있다.
산도	- 사용 시 토양이 중성화된다.	- 사용 시 토양의 산성화가 초래된다.

◇ **표 8-2** 발효퇴비와 썩은 퇴비의 차이

* 나쁜 퇴비를 대량으로 투입하는 것보다 적은 양이나마 유익한 균이 많은 퇴비를 사용하는 것이 현명한 농법이다.

10

발효기간에 따른 선충 조사

시료	퇴비 무게	식물 기생성 선충 (유해 선충)				부식선충	판정
		뿌리혹선충	나선선충	주름선충	참선충		
A(3개월)	300g	0	0	0	0	0	적합
B(6개월)	300g	0	0	0	0	1,380	적합
C(부엽토)	300g	0	20	36	60	429	

◇ **표 8-3** 발효기간에 따른 선충 조사

A. 토양생물이 전혀 없음.

B. 토양응애, 애지렁이알, 부식선충 등 다양한 생물상이 있음.

C. 부엽토는 야산에서 채취한 그대로이며, 식물 뿌리에 피해를 입히는 기생선충들이 다량 발견.

위의 결과로 보아 3개월 이상 발효된 퇴비에서만 다양한 미생물은 물론 유해 선충을 포식할 수 있는 부식선충(일명: 퇴비선충 또는 대형식선충)이 발생될 수 있음을 알 수 있습니다.

현재까지 조사 보고된 바에 의하면, 톱밥과 계분을 발효시킨 퇴비에서 제일 많이 효과를 볼 수 있다고 합니다.

야산에서 채취한 부엽토는 부숙 상태에 따라 사용 시 효과가 달라집니다. 유익한 균이 많을 때는 좋지만 자연 상태에서 아직 덜 부숙된 상태의 것을 사용해서 농사를 실패하는 경우를 가끔 보는데, 이는 나뭇잎의 독소 때문이기도 하지만 유익한 미생물보다 유해한 미생물이 많은 탓입니다.

11

발효기간에 따른 시판 퇴비의 총 방선균류 밀도 조사

(자료 : 경상대학교 미생물생태학 교실)

시료명 / 온도별		중온성	고온성	비고
		10^5	10^5	
B사 퇴비	1	247	116	3개월 발효
	2	188	82	3개월 발효
	3	506	49	3개월 발효
	평균	314	82	-
J사 퇴비	1	3	시중 유통 퇴비	
C사 퇴비	미검출	2	시중 유통 퇴비	

◇ **표 8-4** 발효기간에 따른 시판 퇴비의 총 방선균류 밀도 조사
* 중온성: 30℃, 고온성: 45℃에서 3~4일간 배양
* 0.1 TSA + 0.2% Chitin 배지

위 표를 보면, 발효가 정상적으로 이루어진 B사 퇴비에서는 일반 퇴비보다 중온성 방선균류가 300배 이상, 고온성 방선균류가 30배가량 발생이 많은 것을 알 수 있습니다. 또 무종자의 발아 시험에서도 20일 정도 발효시킨 미숙퇴비에서는 30%, 3개월 발효시킨 B사 퇴비에서는 80%가 발아되었습니다.

12

퇴비 중 지력을 빨리 높이고 연작을 해결할 수 있는 퇴비는 없을까?

톱밥퇴비는 퇴비 중에서 지력을 가장 빠르게 높이고 땅속에서 오래가며 연작을 해결해줄 수 있습니다.

톱밥퇴비는 톱밥을 발효시킨 퇴비를 말합니다. 그렇지만 여기에서는 목재의 부산물로 나오는 우드칩, 대팻밥, 끌밥, 체인소톱밥, 수피, 제재톱밥, 과수원의 전정가지를 파쇄한 것 등 모든 것을 총칭하여 톱밥퇴비 원료라 하고자 합니다.

우리나라에서는 톱밥을 퇴비로 활용한 역사가 짧아 발효 기술의 교육이나 보급이 제대로 안 된 까닭에 질 좋은 발효퇴비를 찾아보기가 힘듭니다. 그러나 현재와 같이 농토의 토양유기물 함량이 부족하여 지력 저하로 인한 문제가 심각한 시점에서 톱밥퇴비에 주목할 필요가 있습니다.

톱밥퇴비는 우리가 손쉽게 제조하여 사용하는 볏짚퇴비와 비교하면 토양 속에서 토양유기물(부식)이 생성되는 것은 3배 이상, 비료분을 흡수하여 저장하는 염기치환용량(보비력)은 7배, 기계적·물리적 효과의 지속성은 4배 이상입니다.

토양개량 효과와 퇴비로서 톱밥퇴비를 능가할 대량 소재는 이 지구상에서는 아직 없습니다.

통계자료에 의하면 1923년 당시 우리나라 농토의 토양유기물(부식) 함량이 4.3% 전후로 상당히 높았는데, 2005년도 자료에는 2~2.2% 전후를 보이고 있습니다. 지력은 무시한 채 그동안 화학비료 위주로 농사를 짓다 보니 농토를 이렇게 버려놓았습니다.

사실, 요즈음 전국을 다니며 생산자들을 만나보면, "딴것은 필요 없고 우리 회사 미생물 제품만 사용하면 농사는 잘 된다. 우리 회사 영양제만 사용하면 농사를 잘 지을 수 있다."고 목청을 높이는 제품들이 하도 많아서 헷갈린다고들 말합니다.

그러나 과연 미생물이나 영양제만으로 농사가 잘될 수 있을까요?

국내 토양미생물 분야의 최고 권위자인 모 국립대학교 C교수께 미생물만 갖고 농사를 잘 지을 수가 있다는데 그게 정말이냐고 물어보았습니다. 그의 대답은, 가짜가 진짜보다 장사를 더 잘하는 세상이고, 그 말에 넘어가는 농민들도 문제라고 했습니다. 또 양액 재배를 오랫동안 해온 생산자에게 물어보니, 아무리 잘 만들어진 값비싼 수입 인공배지(암면)라도 화학비료 성분으로 만들어진 액비(영양제)로만 2년 이상 주면 농사가 안 되어 교체해야 된다고 했습니다. 그렇다면 자기네 제품만 있으면 농사를 잘 지을 수 있다는 소리는 모두 농민들을 현혹시키는 말인 셈입니다.

앞 6강에서도 말씀드렸지만, 한 번 더 강조하고 싶습니다. 아무리 건강보조식품과 영양제가 발달해도 우리 인간은 밥을 먹지 않으면 건강을 유지할 수가 없다고요. 그래서 늘상, 농토의 밥은 퇴비이고, 액비(영양제)는 밥상의 국이며, 화학비료나 유박 같은 유기질비료는 반찬이라고 비유하곤 하는 것입니다.

토양유기물 속의 탄소와 질소는 둘 다 미생물의 먹이가 되는데, 이 먹이 중 어느 한 가지라도 없으면 미생물은 지속해서 살 수가 없습니다. 또 각종 영양제(비료 성분)도 토양유기물(부식)이 없으면 양분을 보관하지 못하고, 토양 속에서 유실 및 고정이 일어나 농작물의 이용을 불가능하게 합니다.

토양유기물(부식)이 어느 정도 있는 농토에서는 미생물과 영양제를 주면 분명히 몇 년간 효과를 볼 수 있습니다. 하지만 유기물을 매년 보충해주지 않고 미생물이나 영양제만을 연속 사용하게 되면 잔류되어 있는 토양유기물은 미생물의 급작스런 증식으로 인해 급감하거나 분해되어 없어지고, 그 토양은 점점 나빠져 생육 장해가 일어나게 되어 농사는 실패할 수밖에 없습니다.

그러므로 지력을 가장 빠르게 높여주는 방법은 잘 발효된 톱밥퇴비를 만들어 적량을 농토에 주는 것입니다. 그러면 그 퇴비가 토양유기물(부식)로 오랫동안 토양에 남아 땅심을 유지해줍니다.

요즘 농촌에서는 고령화로 일손이 없을 뿐더러 퇴비 원료 구하기도 어렵다고들 합니다. 사실이 그렇습니다. 그러나 누차 강조하지만 퇴

◇ 자가퇴비를 만들 수 없을 때는 시중에서 포대 퇴비를 구입하되 비가림한 곳에 쌓아놓고 쇠막대기로 구멍을 양쪽에 4~6개씩 뚫어 통기가 되도록 한다.

비는 발효가 생명입니다. 즉, 가장 좋은 퇴비는 정성껏 만든 자가퇴비이고, 차선책으로 시중 퇴비를 구입해 사용해야 된다는 것입니다.

이때 퇴비를 구입해서 쌓아놓으면 손을 넣지 못할 정도로 열이 나는 경우가 있는데, 이는 아직도 발효 과정에 있기 때문입니다. 이러한 미숙퇴비가 땅속에 그대로 들어가면 반드시 후발효가 일어나 작물에게 피해를 줄 수 있습니다.

자가퇴비를 만들 수 없다면 시중의 포대 퇴비(미숙퇴비)를 사전에 구입해서 포대를 뜯어 재발효를 해서라도 퇴비의 효과를 높여야 합니다.

만약에 이의 재발효 또한 어렵다면 3~6개월 전에 미리 구입해서 포대 퇴비를 비가림한 곳에 쌓아놓고 어른 손가락만 한 쇠막대 같은 것으로 포대마다 구멍을 양쪽으로 4~6개씩 뚫어 통기가 되도록 하여 후숙시키면 그나마 조금은 나을 것입니다.

그럼에도 이 모든 일들이 불가능할 때는 시중에서 잘 발효된 퇴비나 미생물제제를 구입해서 함께 뿌려주는 방법도 괜찮은 방법일 것입니다.

퇴비의 제조에 대해서는 필자가 쓴 『땅심 살리는 퇴비 만들기』(들녘)를 참조하시기 바랍니다.

혼합발효유기질비료와 유박

9강

혼합발효유기질비료(일본에서는 "보카시"라고 함)란 미강, 유박, 어박, 골분 등에 당밀(설탕)과 미생물을 섞어 발효시킨 것을 말합니다.

주로 분해되기 쉬운 탄질률이 낮은 재료를 사용해서 제조합니다.

❶ 같은 크기의 호접란

❷ 고형 유박을 사용하여 4개월 키운 것

❸ 왼쪽 화분은 고형 유박 무사용, 오른쪽은 고형 유박 사용하여 4개월 키운 것

❹ 왼쪽은 고형 발효퇴비 사용, 오른쪽은 동일 중량의 생유박으로 각각 4개월씩 키운 것

◇ 호접란의 발효퇴비 펠렛과 생유박의 생장 차이(40일 후)

1

혼합발효유기질비료를 만드는 이유

유기물을 생으로 사용하면 유기물이 미생물들의 먹이인 까닭에 다량의 미생물들이 발생하게 되는데, 이때 비병원성인 미생물이 발생하면 다행이지만 병원성의 미생물(병균)이 증가한다면 오히려 피해를 입게 될 것입니다. 이를 회피하기 위한 방법으로는 두 가지를 생각할 수 있습니다. 첫 번째는 토양에 시용하기 전에 미리 유기물에 함유되어 있는 수용성의 당분이나 질소분이 없어질 때까지 분해시키고 나서 사용하는 방법이며, 두 번째는 병원성을 갖고 있지 않은 유익한 미생물을 유기물에 미리 흡착시켜 사용하는 방법입니다. 전자는 퇴비이고, 후자가 혼합발효유기질비료입니다.

혼합발효유기질비료의 장점은 제조 과정에서 유효 미생물의 밀도를 높여 토양에 정착시키고, 시비 후 토양 속에서 미생물의 먹이도 되게 한다는 점입니다. 또 비료로서 작물의 영양 공급에도 영향을 미칩니다.

2

퇴비와 혼합발효유기질비료의 차이

퇴비와 혼합발효유기질비료는 원료부터 다릅니다.

퇴비는 산야초나 낙엽, 왕겨, 볏짚, 톱밥, 고추대, 콩대, 톱밥, 짚, 왕겨 등이 들어간 우분이나 돈분 등 비교적 탄질률이 높은 재료로서 난분해성인 물질(리그닌과 셀루로즈 등)을 많이 함유합니다. 이것들은 분해에 장기간을 요하는 것들로, 병원성 미생물이나 기생충, 잡초 종자들이 많이 혼입되어 있을 가능성이 큽니다. 이런 문제를 해결하기 위해 퇴비 발효열로 사멸하는 방법으로 제조됩니다.

혼합발효유기질비료는 원료로 미강, 유박, 어분, 골분 등이 사용되며, 탄질률이 낮은 재료들로서 토양 속에서 3개월 이내에 거의 분해가 되어 남지 않고, 부식(토양유기물 = 휴머스)의 축적이나 생성에 거의 효과가 없는 것이 퇴비와 다른 점입니다. 그런 이유로, 퇴비는 분해가 더딘 유기물을 사용하기에 토양이 척박해지지 않지만, 혼합발효유기질비료만을 계속 사용하게 되면 토양이 척박해지는 것을 막을 수 없습니다.

그러므로 퇴비는 토양유기물(부식)의 증가로 지력을 높여주고 혼합발효유기질비료는 양분 공급에 목적이 있는 것입니다.

구분	퇴비	혼합발효유기질비료	
		호기성 발효	혐기성 발효
원료	풀, 볏짚, 왕겨, 축분, 톱밥, 낙엽 등	미강 주체, 유박, 어분, 골분 등	미강 주체, 유박, 어분, 골분 등
발효 방법	호기성(뒤집기)	호기성(뒤집기)	혐기성(밀폐)
발효 온도	60~80°C	50°C 이하	25~30°C(상온)
발효 기간	2~3개월 이상	7~10일 정도	2~3주간
완성 후의 탄질률	20~30 전후	10 전후	10 전후
분해 속도	지효성	속효성	다소 지효성
토양부식의 생성	많음	적음	적음

◇ **표 9-1** 퇴비와 혼합발효유기질비료의 차이 요약

* 혼합발효유기질비료가 발효할 때 호기적일 때는 사상균이나 방선균 등 호기성 균이 우점하기 쉽고 혐기적일 때는 유산균이 우점하기 쉽다. (혼합발효유기질비료의 발효 적산온도는 약 600°C임)

3

혼합발효유기질비료 제조 방법 (실례1)

재료	중량	비고
쌀겨	70kg	
유박	20kg	
어분	10kg	골분도 가함
미생물(유산균)	300cc	
당밀	300cc	설탕도 가함
물(생수)	12~15ℓ	

◇ **표 9-2** 혼합발효유기질비료 제조 (실례)

㉮ 쌀겨, 유박, 어분 등의 재료를 잘 혼합합니다.

㉯ 물(생수)에다 당밀(설탕)과 미생물을 잘 희석시킵니다.

㉰ 위의 ㉮에다 ㉯를 물조리개나 분무기로 뿌려주면서 전체 수분이 30~40%가 되도록 만듭니다. 이때 수분량이 많으면 곰벵이도 생기고 좋은 품질을 만들 수가 없습니다.

◇ 혼합발효유기질비료 살포에 의한 균체 발생. (물 뿌린 후 차광망 사용 2~3일 후)

구분	pH	EC	암모니아태질소 mg/100g	초산태질소 mg/100g	유효인산 mg/100g	전탄소 %	전질소 %	탄질률 C/N
평균	5.5	4.9	100.7	8.5	99.3	44.5	4.5	10.3
표준편차	0.76	1.38	60.76	7.55	154.8	2.69	0.61	2.29

◇ **표 9-3** 혼합발효유기질비료 성분 분석 (사례)

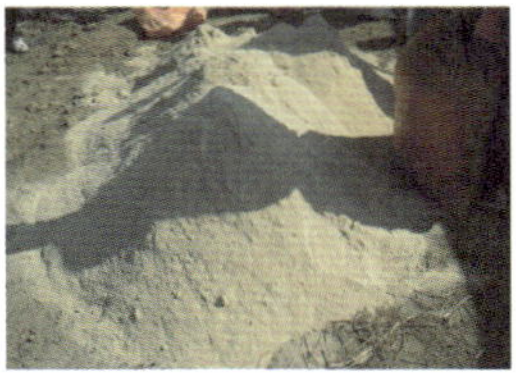

❶ 쌀겨 70㎏

❷ 유박 20㎏

❸ 어분 10㎏

❹ 이상 3종의 재료를 혼합한다.

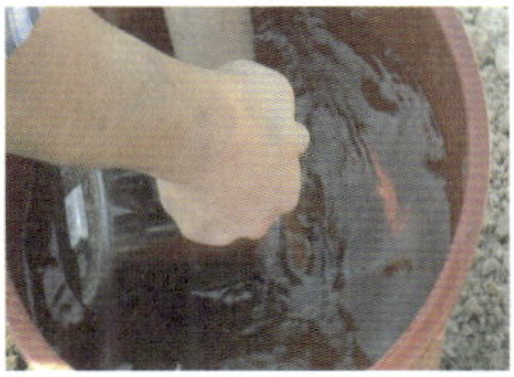

❺ 물15리터에 당밀(설탕) 300㏄와 유산균300㏄를 잘 혼합한다.

❻ 조로를 사용해야 알맹이가 생기지 않는다.

❼ 혼합액과 잘 섞어준다.

❽ 운반이 편리한 무게로 완전 밀봉

❾ 비가림이 가능한 곳에 보관.

❿ 적산온도 600°C 후 열어보면 누룩 냄새가 난다.

⓫ 이런 제품은 공기가 들어가 불량품이다. 퇴비장에서 재발효가 필요하다.

◇ 혼합발효유기질비료를 만드는 순서

4

부산물비료 중 유박과 퇴비의 차이

농사를 짓는 분들 가운데, 지력을 높이는 데 가장 중요한 자재인 부산물비료 중 유박과 퇴비의 용도를 정확하게 모르고 있는 분이 많은 듯하여 이에 관해 간단히 다시 한 번 더 살펴보고자 합니다.

첫째, 현행 비료관리법상(2018. 03. 30) 우리나라의 모든 비료는 보통비료와 부산물비료로 구분하고 있는데, 각각에 속하는 비료의 종류들은 앞(8강 "양질의 퇴비란?"의 2. "퇴비의 종류와 사용 원료")에서 기술하였으니 참고하기 바랍니다.

둘째, 비료관리법상 종전에는 보통비료에 유박 종류가, 부산물비료에는 퇴비가 속해 있어 확연히 구별되고 있었지만, 실제적으로 주성분이 둘 다 유기질이라는 공통점에서 부산물비료 안에 함께 묶었습니다.

유기물의 정의를 보면 "생물체를 구성하고 있는 물질 중에서 기본적으로 탄소를 비롯해 수소, 산소, 질소 성분으로 구성되어 있어 썩어 분해가 되고 태울 때 연기가 나고 재가 남는 물질을 말한다."고 되어 있습니다.

그러므로 유박과 퇴비는 둘 다 성분상으로 볼 때 유기질임은 틀림이 없습니다.

그러나 제조 공정에서부터 용도에 이르기까지 다음과 같은 몇 가지 차이점이 있습니다.

① 퇴비는 발효 공정을 필수로 하는 반면 유박은 그렇지 않아 제조 공정이 다르다.

유박은 발효 공정이 없어서 원료 자체의 수분(함수율 15% 정도)밖에 없고, 제품 속에 함유해야 할 주성분(질소, 인산, 칼리, 기타)의 최소량이 공정규격상 표기 보증되어야 하는데 원료가 고정되어 있으므로 이를 맞추는 데 별로 어려운 문제가 없습니다.

그러나 퇴비의 경우는 수분이 많은 원료와 건조한 원료 등 여러 가지를 혼합하여 발효 과정을 거쳐야 하므로 사실상 제품의 비료성분 함량 표기가 어렵습니다. 그래서 공정규격에서는 적당한 수분과 유해성분 함량, 유기물 대 질소의 비율, 유해 미생물과 염분 농도 등이 정해져 있습니다.

이따금 퇴비의 수분 함량 기준에 대해 이런저런 논의가 벌어지고 있습니다만, 잘 발효된 퇴비라면 수분 30% 미만에서 미생물의 활동이 중단되므로 수분 함량이 그 이하인 경우 좋은 퇴비라고는 볼 수 없습니다. 특히 요즈음처럼 퇴비 제조에 톱밥이 유기질원으로 사용되고 있는 현실에서는 더욱 그러합니다. 수분 30% 미만의 제품이 농토에 뿌려졌을 경우 상당 기간 동안 수분 흡수에 문제가 생겨 분해도 어렵고, 퇴비 속 미생물이 땅속에서 활동하기 어려워 작물 생육에 도움을 주지 못합니다.

최근 퇴비라는 명칭을 달고서 발효 과정을 거치지 않은 생유기물이나 덜 발효된 것을 사용하기 쉽게 펠릿으로 만들어 시판하는 것도 있는데 이는 공정상 잘못된 것이며 효과도 의심스럽습니다. 또한 발효 과정을 거쳤더라도, 애써 발효시킨 수많은 유익한 미생물들이 펠릿화되는 과정에서 사멸될 우려도 있습니다.

② 유박의 목적은 양분 공급에 있고 퇴비는 땅심을 살리는 데 있다.

유박은 퇴비에 비해 냄새도 적고 사용하기가 편하며, 수분이 퇴비에 비해 적고 비료 성분이 높아 속효성이라는 장점이 있습니다.

단점은, 유박은 탄질률이 매우 낮아 화학비료와 유사하게 토양 속에서 분해가 빠르게 진행되고, 반드시 땅속에서 발효가 일어나므로 한꺼번에 많이 사용할 때는 가스피해를 주며, pH도 낮아져 작물에 크고 작은 피해를 줄 수 있다는 것입니다. 또한 가격이 비싸고, 발효 과정이 없으니 유익한 미생물도 없고, 지력(땅심)을 높이는 리그닌(목질)도 없습니다.

때문에 토양유기물(부식)이 생기지 않아 아무리 많이 주어도, 비록 화학비료와 같은 양분 공급으로 작물 성장에는 도움을 주지만, 땅심을 살리는 데는 별로 도움이 되지 않습니다. 실제로 어떤 농민들은 매년 유박을 많이 넣었는데도 농토를 분석해보면 토양유기물(부식) 함량이 올라가지 않는다고 말하는 경우가 있는데, 그것은 바로 이런 이유 때문입니다. 유박은 약 3개월 정도면 분해가 되어 없어집니다.

퇴비의 경우 발효 초기에 2만여 종의 미생물들이 달라붙어 발효를 시작하여 발효가 잘된 제품 속에는 2천여 종의 미생물들이 공생하며 생활하고 있고, 그중에는 토양 속에서 나쁜 미생물, 소위 병균들을 잡아먹는 유익한 천적 미생물들도 많이 존재합니다. 또 유기질원으로 톱밥 또는 왕겨를 사용하므로 토양 속에 장기간 남아 지속적으로 토양 유기물(부식)로서의 역할을 하면서 땅심을 높여줍니다. 따라서 농토를 살리는 데는 이런 완숙퇴비를 많이 주는 것이 가장 빠르고 좋은 방법입니다. 아울러, 가격도 저렴하고 식품가공부산물을 포함한 가축분 등을 재활용하는 측면에서도 친환경적인 효과가 아주 높습니다.

그러나 발효가 덜된 미숙퇴비의 경우 토양 속에서 후발효로 인한 피해와 각종 병해충의 발생 등으로 농사를 망치는 경우가 종종 있는데, 이는 퇴비업계나 농민들이 꼭 해결해야 할 과제입니다.

③ 유박의 원료는 주로 식품공장과 섬유공장의 부산물로서 거의 대부분 외국으로부터의 수입에 의존하고 있다.

유박을 수입할 때 검역 과정을 거친다고는 하지만 농약으로부터 100% 자유롭다고는 할 수 없습니다. 그리고 일일이 컨테이너별로 검역을 하는 것은 아니니, 설사 통관이 되었다 하더라도 각종 외래 병해충들의 유입 가능성이 높습니다. 더구나 모든 유기물은 수분을 포함해 적당한 조건만 주어지면 잠재된 병균이나 해충이 발생할 우려가 있습니다. 최근 우리나라에서 문제가 되고 있는, 도감에도 없는 외래 수입 병충해는 이런 경로 때문에 생긴 것이 아닌가 생각됩니다.

그러나 퇴비의 경우는 사용되는 원료가 거의 대부분 국내산 부산물로서 고온의 퇴비 발효 과정을 거치기 때문에 이런 문제는 거의 없다고 봅니다.

④ 유박을 발효시켜 사용을 해야만 병충해를 줄일 수 있다.

유박이나 쌀겨 등을 발효시키지 않고, 사용하기 편하고 속효성이라는 이유로 그대로사용하는 경우가 많은데 이는 잘못된 것입니다. 발효시키지 않은 유기질은 반드시 토양 속에서 분해가 이루어지는데 이때 유해 가스를 발생시켜 뿌리의 발달을 저해하고, 유익한 미생물을 손상시키며, 그 결과 토양도 산성으로 변하기 때문입니다.

생유박을 농토에 뿌려보면 흰곰팡이, 회색곰팡이, 검은곰팡이, 붉은곰팡이 등등 여러 색깔의 곰팡이들이 많이 나타납니다. 이것들이 모두 좋은 곰팡이라면 문제가 없겠지만, 나쁜 곰팡이가 이 유박을 먹이로 하여 더 많이 생긴다면 결국 병균한테 먹이를 준 셈이 되어, 병균의 개체수가 증대하여 작물의 발병률이 높아질 수밖에 없습니다.

친환경농업을 하는 논에서는 잡초 발생을 억제하기 위해 모심기 후 쌀겨를 사용하는 방법을 쓰는데, 이는 쌀겨 투여로 미생물이 갑작스럽게 다량 번식되므로 토양 표층이 일시적으로 산소 결핍 상태가 되고 또한 쌀겨(유기물)가 분해되면서 발생하는 유기산이 잡초를 억제하는 원리를 이용한 것입니다. (일명 쌀겨농법)

이때 쌀겨를 땅 표면에 뿌려주기 때문에 별문제가 없겠으나, 밭작물의 경우 토양 속에 밑거름으로 유기물이 들어가야 하는데 그 피해에 대해서는 농사를 지어본 분이라면 잘 알 것입니다. 그러므로 지력도 높이고 농작물에 속효성의 영양 공급을 위해서는 발효한 유박과, 잘 발효시킨 리그닌 함량이 많은 퇴비를 함께 사용하는 것이 최상의 좋은 방법입니다.

결론적으로, 지력을 유지하거나 더 높이려면 잘 발효된 질 좋은 퇴비를 사용하고, 이와 함께 속효성인 유박을 간단하게 발효시켜 적당량을 사용한다면 생육을 비롯해 맛과 색깔, 당도, 염실도 등에서 더더욱 좋아질 것입니다.

이와 관련하여 음식물쓰레기에 대해서도 한마디 해야겠습니다. 〈한겨레〉의 보도(2019. 01. 30)에 따르면, 지난 10년간 시판된 유기질비료 중 건조한 음식물쓰레기를 혼합하여 유통한 것이 약 80만 톤으로 추정된다고 합니다. 이는 정말로 놀라운 내용이 아닐 수 없습니다. 음식물쓰레기는 그 수거를 하면서 돈을 받거나 또는 공짜로 얻을 수 있는데, 이것을 유박과 혼합해 제품으로 만들어 고가로 판매했다니, 농민을 속이고 부당이득을 취한 것이라 보지 않을 수 없습니다. 유박(油粕)은 글자 그대로 기름을 짜고 난 찌꺼기를 말하며, 작물에 화학비료와 유사한 양분 공급을 해주는 농자재인데 음식물쓰레기는 현행 비료관리법상 유기질비료인 일부 유박 종류(혼합유기질과 유기복합)에만 혼합 사용이 가능하도록 최근에 법을 개정했고 친환경농업의 자재로는 사용할 수가 없습니다.

부록

부록 I　부식을 만드는 10가지 요령

부록 II　질병억제 토양 만들기

부록 III　토양미생물 관리

부록 IV　산짐승과 두더지 퇴치법

부식을 만드는 10가지 요령

1. 피복작물을 태우지 말 것

피복작물은 풍부한 탄소, 질소 및 유황을 함유하는데, 이들 미네랄은 태우면 가스 형태로 돌아간다. 이들 세 가지 원소는 대부분의 토양에 반드시 필요하므로 피복작물을 토양의 A층(표토에서 5~10㎝)에 가볍게 넣는 것이 생산적이다.

2. 모든 초지에, 그리고 모든 곡류 아래 콩과 식물을 포함할 것

클로버와 같은 콩과 식물은 토양 먹이사슬 중 곰팡이의 먹이가 되는 경향이 있다. 부식과 점토를 결합하여 토양 건강의 성패인 입단구조를 만드는 것은 균사의 네트워크다. 이렇게 뭉쳐진 토양에서는 지렁이와 같이 부식을 형성하는 거장들이 보다 자유롭게 호흡하면서 그들의 선물을 방해받지 않고 배달한다. 곡류 작물 아래 있는 피복식물도 질소를 공급하며, 모든 식물의 공정 중에서 가장 중요한 광합성에서 가장 중요한 두 가지 미네랄(칼슘과 인)을 용해하는 산성 분출물을 방출한다.

3. 가능할 때마다 피복작물 혼파하기

우리는 지금 5가지 과가 다른 피복작물을 혼파하는 것이 탁월한 현상을 보여준다는 것을 이해한다. 식물 뿌리는 주변 토양에 페놀 화합물을 방출하기 전에 서로 소통하기 시작한다. 우리 몸 세포들이 녹색차, 검은 초콜릿에서 유래한 유사한 화합물의 존재에서 번성하는 것처럼 토양 생물은 초대형 성찬을 즐긴다. 토양 구조가 변하고, 부식 생성이 빨라지며, 이 피복 작물이 유용 미생물에 의해 수여된 모든 편익을 증폭한다. 5가지 식물 과(科)는 잔디, 곡류, 십자화과, 콩과 및 명아주이다. 뒤의 두 과는 좋은 곰팡이를 억제하는 생화학물질을 방출하기 때문에 적은 비율로 포함된다. 그러나 그들은 바람직한 반응을 내기 위해서 패키지의 일부가 되어야 한다.

4. 부식 발견

부식산은 대부분의 토양에서 사라진 유용한 부식 형성 곰팡이의 가장 강력한 촉진 물질이다. 이들 곰팡이는 이 천연 물질에서 풍부한 긴 사슬 탄수화물과 복잡한 화합물을 찾는다. 적당히 회복되면 이 사라진 연결은 여생 동안 대기가 아니라 토양에서 머물 안정된 탄소를 만든다.

5. 퇴비 아우르기

퇴비는 빠른 과정을 통해 생성된 부식물질의 합체 이상이며, 자연적 분해 과정을 최적화한 것이다. 퇴비는 토양이 부식을 생성하는 역량을 늘리는 매우 다양하며 수많은 유용 생물을 공급한다. 퇴비 한 숟가락에는 3만 가지 이상의 다른 종의 생물이 50억 마리 이상 들어 있다. 이 작업자의 대부분은 산성/염류 비료, 농약과 잘못된 토양 관리로 훼손되었다. 퇴비는 이들 핵심 작업자들을 회복시켜 토양 탄소 증가가 퇴비로 첨가된 부식보다 몇 배나 많은 결과를 낳는다.

6. 경운 최소화

토양 생물들은 차가운 쇠의 침범을 좋아하지 않는다. 경운은 유용 곰팡이를 썰어 죽인다. 우리는 토양을 열 때마다 산소도 공급하며, 결국 소중한 부식의 일부를 산화시킨다. 토양이 젖을 때 작업하면 손실이 몇 배 증가한다. 무경운 농사의 주요 이슈는 글리포세이트(제초제) 의존과 관련된다. 이 화학물질은 속여서 팔아온 가장 독성이 강한 물질임이 증명될 것이므로 그리 오래 팔리지는 않을 것이다. 글리포세이트 없는 무경운을 상상하는 것은 어렵지만, 우리는 확실히 롤러 크림퍼, 피복작물 및 기타 손실을 보상할 대안을 개발할 것이다. 우리는 이 혐오물질을 금지할 날을 설정할 필요가 있으며, 그때 언제나처럼 인간 주도성이 한 단계 올라갈 것이다.

7. 지렁이 되돌리기

이 동물의 소화관처럼 생긴 분절된 튜브들은 토양의 내장이다. 그들은 작물 잔재를 소화하고, 식물 먹이를 생산하며, 독특한 유용 세균군을 배양함으로써 식물의 외부 위장의 일부로 기여하는데, 이들이 없다면 토양 생물군은 불완전하다. 대부분의 토양에는 원래 있던 지렁이들의 일부만 존재하며, 이 상실에 대해 지불할 대가는 매우 크다. 지렁이는 작은 비료공장이다. 왜냐하면 그들의 끝에서 나오는 부숙된 재료는 주위 토양과 매우 다르기 때문이다. 사실, 지렁이분에는 10배 많은 칼리, 7배 많은 질소, 5배 많은 인 및 3배 많은 고토와 150% 더 많은 칼슘이 들어 있다. 지렁이는 작물 잔재와 기타 유기물질을 다른 분해 형태보다 4배 빨리 퇴비화하며, 근권에 산소를 공급하고 뿌리가 닿지 않는 곳에서 미네랄을 이동하며, 식물 생육과 회복을 증진한다. 토양 한 삽에 25마리의 지렁이 성배를 성취할 수 있으면 이 구불구불한 작업자는 연간 10a당 30톤의 지렁이분을 생산할 것이다. 지렁이분은 톤당 100달러(2019년 8월 기준, 약 120,000원)에 판매되므로 3,000달러(같은 시점 기준, 약 3,600,000원)어치의 무료 비료를 확보하는 셈이다. 문자 그대로 횡재하는 것이다.

8. 가축 포함하기

바이오다이나믹의 창시자 루돌프 스타이너는 소가 없는 농사는 농사가 아니라고 말했다. 많은 작물 생산자들은 이 말의 지혜를 발견했다. 초지 재배와 구간별 방목은 종종 결합되어 사용되는데, 증명된 부식 생성 수단이다. 사실, 그들은 유기물을 개간하는 가장 강력한 방식들 사이에 있으며, 그들 모두는 토양 교란을 최소화하고, 그것은 곰팡이가 번성할 때이다.

9. 그루터기 소화 촉진

실제로 활성화된 토양에서 작물 잔재는 6주 내에 토양의 통합적인 부분이 되어야 한다. 수확 후 수개월 후에도 그대로 있으면 뭔가를 해야 한다. 이 그루터기가 부식으로 빨리 전환될수록 더 좋다. 그렇지 않으면 잔재는 서서히 가스 형태로 전환되고 우리는 훌륭한 부식 생성 기회를 상실하게 된다. 트리코데르마와 같은 미생물은 게걸스러운 셀룰로스 분해자이며, 작물 잔재 하에서 빨리 증식한다. 유사하게, 유용한 혐기성 미생물은 많은 다른 이득을 제공하면서 잔재 소화를 도울 수 있다.

10. 작업자를 위해 산소 제공

작물의 활력과 회복을 위해 가장 중요한 원소는 질소, 인산, 또는 칼리가 아니다. 미생물, 식물, 동물 및 사람에게 생명을 부여하는 것은 산소 가스다. 칼슘 대 마그네슘 비율은 몇 가지 핵심 비율 중에서 가장 중요하다. 왜냐하면 토양이 호흡할 수 있게 하는 열린 구조를 만들게 물리적으로 돕기 때문이다. 이 맥락에서 석고는 매우 가치 있는 수단이 될 수 있다. 점토를 부수는 이 물질은 과잉의 마그네슘과 나트륨을 제거한다. 이 미네랄들은 단단하고 폐쇄된 비생산적인 토양에서 핵심적인 역할을 한다.

남아공 기업이 개발한 토양관리기인 "Puri-Care International"은 산소의 회복력에 대한 극적인 증거를 제공한다. 이들 귀중한 장치들은 관개수에 도입된 오존과 과산화수소의 융합을 통해 토양에 복합적인 산소 종을 공급한다. 그 영향은 심대하다. 물이 이동할 때마다 토양 구조가 바뀐다. (종종 입단의 살아 있는 토양이 2m 깊이까지 생성된다.) 산소는 모든 것을 변화시킨다. 수익성, 병충해 압력, 생산성, 농사의 즐거움을 포함하여……

_〈흙살림신문〉 2018. 6월호, NTS

부록 Ⅱ

질병억제 토양 만들기

[1]

화학물질로써 병충해를 관리하는 것에 대해, 근본적으로 귀중한 것이 결핍된 접근이라는 인식이 증가하고 있다. 매년 화학물질의 투입량이 증가하는데 그 반응은 점점 적다. 100년 동안 매년 화학약품이 증가해 왔는데 해충과 질병이 전체적으로 증가했다. 그동안 많은 혁신이 있었지만, 스트레스 없는 식품 생산에서 가장 중요하고 기본적인 요소인 토양 건강을 간과했다. 모래, 점토, 미생물, 미네랄 및 부식으로 이뤄진 마법의 혼합물의 활력은 지속 가능한 수익성을 결정하는 요인이며, 어려움에 처한 지구를 살리는 본질이다

인간 건강에서도 이와 매우 흡사한 단절이 있다. 수천 명이 엉덩이, 심장, 여러 가지 신체 부위들을 대체하기 위해 줄서 있는데 고통을

피할 수 있는 건강하고 복원력 있는 인간에 대해서는 관심이 거의 없다. 복원은 영양에 관한 것이며, 토양과 우리 몸에서 영양은 주로 미네랄과 미생물 사이의 상호관계를 포함한다. 증상을 치료하는 약품의 사용 증가는 토양에다가 화학약품을 사용하는 것과 비슷하다. 두 접근 모두 생산적이기보다 파괴적이다. 처방전 약품은 우리의 세 번째 큰 살인자이며, 우리의 훼손된 표토는 그런 속도로 침식되고 있어서 60년 후에는 아무것도 남지 않을 것이다.

환경에 통달하기

환경은 농사의 문제 발생 여부를 결정하는 토양생물을 혼란시키는 것이 아니라 양육해야 한다. 상호 관계를 맺는 유기체들의 다양성은 3가지를 필요로 한다.

이들 유기체들은 대개 호기적이므로 산소에 지속적으로 접근한다. 토양의 호흡 능력을 결정하는 미네랄 비율은 칼슘과 마그네슘 사이의 균형과 관계가 깊다. 칼슘은 토양을 개방하여 아주 중요한 산소가 쉽게 들어갈 수 있게 하며, 과잉의 마그네슘은 토양을 단단하게 하며 호흡 능력을 제한한다. "좋아, 칼슘으로 토양을 개방하고 마그네슘은 잊자."라고 생각할 수 있지만, 이것은 심각한 잘못이다. 마그네슘은 엽록소의 중추 분자이며, 엽록소는 식물체 내에서 모든 공정을 추진하는 녹색 색소다. 우리는 마그네슘을 잊어서는 안 되는 것이다. 그렇기에 산소 공급을 극대화하기 위해 토양에서 칼슘 대 마그네슘 비율을 최적화해야 한다. 이상적인 Ca/Mg에 대한 믿을 만한 지침을 제공하는 토양

분석을 선택하는 것이 필수적이다.

미생물은 서로를 필요로 한다. 자연은 다양성을 요구한다. 대부분의 도시 거주자들은 다문화가 융합된 것이 단일문화보다 더 재미있고 힘을 준다는 것을 발견한다. 마찬가지로 우리 토양은 가능한 한 많은 다른 종들 가운데에서 번성한다. 토양의 먹이사슬은 서로를 지지하고 유지하는 다양한 생물 사슬을 포함한다. 우리가 살(殺)선충제나 태양열 소독과 같은 토양 살균 기술로 이 사슬의 큰 부분을 죽일 때 우리는 종종 우리가 피하려고 노력한 바로 그 생명체를 비의도적으로 선택했다는 것을 발견한다. 예를 들어 살선충제를 살포한 후에 선충이 하나도 없는 제로 상태에서 제일 먼저 돌아오는 생물은 뿌리혹선충이다. 이 선충은 천적과 살충제로 제거된 경쟁자의 부재 속에서 번창한다. 다양성을 되돌리고 유지할 수 있으면 우리에게 적대적이기보다는 우리를 위해 일하는 토양 작업자를 생성한다.

부식은 토양 미생물에 의해 생성되며, 그들이 살아남아 번성하는 집터이다. 부식은 토양과 식물 생명 모두를 유지하는 수분을 간직하며, 두 생명체 모두에게 장해를 줄 수 있는 염에 대해 완충 작용을 한다. 부식과 미생물에 의해 지지되는 작물은 그들이 생산한 포도당의 3분의 1을 토양에 보내어 미생물에 의한 지지를 유지한다. 우리는 화학적, 수탈 농업을 통해 부식의 3분지 2를 잃었는바, 부식 만들기는 질병을 억제하는 토양을 만드는 데서 중심 전략이다.

_〈흙살림신문〉 2016. 12월호. 호주 NTS 번역을 맞춤법 또는 기타 이유로 첨삭함.

[2]

산소는 모든 것을 구동(驅動)한다.

산소는 식물, 미생물, 동물 및 인간을 위해 가장 중요한 요소이다. 토양에서 석회(칼슘) 대 고토(마그네슘) 비율은 산소 흡수를 지배한다. 토양에 존재하는 점토 양에 따라 이상적인 석회/고토 비율이 다르다. 중점토는 점토 콜로이드를 분리하는데 더 많은 칼슘이 필요하며, 경 사질토는 아무것도 갖지 않은 토양에 구조를 제공하기 위해 더 많은 마그네슘이 필요하다. 호흡하는 토양의 생성에는 생물학적 역할도 있다. 그것은 토양 생물이 자신을 지지하는 토양 구조를 생성하게 돕는다는 점에서 일종의 닭/계란 시나리오다. 세균은 토양에서 작은 입단을 만드는 끈적끈적한 겔을 분비하며, 곰팡이는 작은 입단들을 감싸서 큰 입단으로 만든다. 그래서 우리는 모든 토양 조건의 가장 바람직한 입단 구조를 가진다. 산소는 이 생물학적으로 활성 있는 토양으로 자유롭게 이동하며, CO2(이산화탄소, 산소 이용 부산물)는 자유롭게 밖으로 이동한다. 토양에서 확산할 때 CO2는 잎 아래 있는 기공이라고 하는 작은 숨구멍에 잡혀서 물과 햇빛과 결합되어 모든 살아 있는 것들의 구성요소인 포도당을 생산한다.

우리 토양에서 산소 보급을 증진하기 위해 모든 조치를 취해야 한다는 것은 공감하지만, 불행히도 답압, 단작, 과잉 경운, 독성 화학물질, 완충되지 않은 염분, 질소 오용이 결합되어 역작용을 초래할 수 있다.

남아공의 "PuriCare"는 "peroxone"라는 오존과 과산화수소의 혼합물을 관개 시설에 넣어 다양한 산소 라디칼을 공급한다. 산소는 유용한 미생물을 배양할 때 제공되는 것과 유사한 속도로 공급되며, 이 주입은 토양에서 탁월한 반응을 제공한다. 입단구조가 재빨리 발달하고, 지렁이가 돌아오며, 경반층이 분해되고, 물의 침투와 이용이 극적으로 증진된다. 막힌 관을 통한 관개수와 양분의 공급에서 변이는 놀랍게도 공통적으로 작물의 성과에 심각한 영향을 미칠 수 있다. 실제로 수량 증가와 물 사용 감소라는 인상적인 보고들이 있다. 기후 변화에 대응하기 위해 우리 농토의 부식형성 능력의 회복을 지구가 갈구하는 때에 이 흥분되는 기술은 긍정적인 변화를 빨리 추구하는 진정한 변혁같다.

식물 생명체의 다양성은 토양생명체의 다양성을 후원하며, 자연은 "더 많을수록 더 즐거운" 것에 관한 것이다. 여기에 단작 모형의 치명적인 결함이 있지만, 이 부정적 요인을 중화할 수 있는 전략이 있다. 가장 중요한 것은 지상에 피복작물을 넣고, 지하에 다양한 새로운 작업자들을 넣는 것이다.

피복작물이 많은 식물 종을 포함할 때 항상 더 많은 이득을 주는 것은 무슨 이유인가? 그것은 단순하다. 즉, 다른 식물은 다른 미생물에게 먹이를 준다. 농장이 단일 식물로 이뤄지면 토양 생물의 다양성은 언제나 곤란하다. 피목작물 전문가 Jeff Rasawehr에 따르면 많은 주에서 복합적인 피복작물 시험에서 놀라운 발견을 했다. 모든 사례의 각 연구에서 다른 시험구에서 사용하고 남은 씨종자 품종들만 가지고 만든 마지막 시험구가 항상 최상의 성과를 냈다. 그것은 더 많이 통제한 구보다 상당히 더 다양성을 가졌고, 이것은 더 나은 성과의 열쇠였다. 하나의 곡류 작물에 네 가지 클로버를 추가하는 것이 한 가지 클로버만 심는 것보다 더 나을 것이다. 또 질경이, 치커리, 티모시, 더 많은 클로버 및 아마도 일부 곡류를 목초지에 직접 파종하면 토양과 가축 건강에 상당한 이득이 있을 것이다

부식을 늘리는 법

유기물을 늘리는 좋은 출발점은 지렁이가 돌아오게 하는 것을 포함한다. 새들이 쟁기 뒤에서 벌레를 먹는 광란에 있은 지 얼마나 오래되었는가? 지렁이는 표준의 분해 속도에 비해 4배 빠른 속도로 유기물을 분해하여 부식을 만든다. 그들은 또한 토양에 산소를 공급하며, 새로운 토양생물을 배양하고 양분이 농축된 똥으로 비옥하게 한다. 대부분 토양에서 그들은 염분, 농약, 과다 경운, 먹을 것 부족 등으로 슬프게 결핍되고 있다. 해법은 이 어두운 면을 화학물질 감소, 염분의 완충, 지렁이 먹이의 더 많은 공급으로 대응하는 것이다. 부식은 염과 화학물질을 완충하는 최상의 도구이며, 피복식물은 최상의 먹이원이다. 지렁이는 또한 유용한 곰팡이와 원생동물을 먹는 것을 좋아하는데, 이들 종은 많은 경작 토양에서 사라지고 있다. 이들 사라지는 미생물을 재생

하기 위해 스스로 곰팡이 접종제를 배양하고 자주개자리로부터 단순한 원생동물차를 만들 수 있다. 그러면, 지렁이가 증가하고 문제가 감소하는 것을 볼 수 있다.

_〈흙살림신문〉 2017. 1월호, NTS. 맞춤법 또는 기타 이유로 첨삭함.

토양미생물 관리

건강한 토양에는 티스푼에 원생동물이 100만 마리 있는데, 척박한 토양에는 천 마리도 안 된다. 원생동물은 비교적 큰 단세포 생물로서 농경지에는 주로 섬모충, 아메바 및 편모충이 존재한다.

원생동물은 해양을 포함하여 모든 생태계에서 발견되며, 토양에서 가장 큰 생명체인 지렁이가 가장 좋아하는 먹이다. 토양 표층 15㎝ 깊이에 주로 존재하는데, 이것은 그들의 주 먹이인 세균의 주요 활동 구역이기 때문이다. 세균과 같이 그들은 근권 주위에 모여서 토양 수분을 찾는다. 이로 인해 토양용액에서 유동성이 극대화한다. 건조기 동안 원생동물은 비가 올 때까지 휴면 상태로 살아남을 수 있는, 내성이 강한 낭종을 형성할 수 있다.

원생동물은 주로 세균, 조류, 곰팡이를 먹고 살며, 세균과 조류를 제어하고 생물학적 균형을 유지하는 데서 매우 중요하다. 원생동물이 없으면 세균 수가 폭발적으로 증가하며, 질소 순환에서 문제를 일으킬 수 있다.

한 생강 재배자는 관개를 통해 많은 질소를 공급했는데, 조직 분석에서 질소 과잉을 보이지 않았다고 한다. 토양 생물 테스트 결과 세균이 많고 원생동물이 없었다. 이 재배자는 뿌리혹선충을 방제하기 위해 규칙적으로 메틸브로마이드를 사용했다. 이 살선충제 가스는 표적 생물보다 훨씬 많은 생물을 죽인다. 이로 인해 세균의 포식자인 원생동물이 죽고 세균이 폭발적으로 증가했다. 세균은 질소 함량이 많아서 항상 테이블에서 맨 처음 먹으며, 시비한 질소로 만찬을 즐긴다. 그 질소는 세균이 죽을 때까지 세균의 몸에 저장된다. 이 식물 질소 도둑으로 인한 비효율성의 해결책은 원생동물을 배양하여 관주하는 것이다. 몇 주 안에, 질소 시비 요구가 60%나 감소했다. 원생동물이 도착하자 질소 순환이 회복되었다.

질소, 질소, 질소

질소는 식물이 요구하는 가장 풍부한 미네랄이지만, 작물 요구의 대부분은 비료에서 오지 않는다. 대기와 작물 잔재의 순환이 (질소 고정과 분해 및 식물 단백질의 재순환을 통해) 질소의 대부분을 제공한다. 그러나 모든 생물 중 질소 함량이 가장 높은 세균으로부터 유래하는 제3의 질소 흐름이 있다.

세균의 C:N = 5:1이며, 이는 그들의 작은 몸의 17%가 순수한 질소로 구성된다는 것을 의미한다. 질소는 그들이 죽을 때까지 그들의 몸에 남아 있어서 그 공정을 빨리 추적하고 질소를 재순환하는 데서 상당한 이점이 있다. 이 경우에 종결자는 원생동물이다. 비유하자면 수박 크기의 원생동물이 매일 완두콩 크기의 세균을 1만 마리 소비한다. 원생동물은 오직 세균에서 발견되는 질소 중 적은 부분만 요구하므로 토양 용액에 잉여 질소를 뱉고 식물들은 "당신 아름다워!"라고 노래한다.

질소와 관련하여 과잉 질소의 공유에 그치지 않는다. 원생동물에 의한 세균의 지속적인 소모는 방목이라고 불린다. 연구 결과 이 방목은 전정이 과수를 생육을 촉진하는 것처럼 질소 고정 세균의 생육을 촉진한다. 질소 고정균은 원생동물이 있을 때 번성하므로 대기로부터 무료 질소에 더 많이 접근한다. 이 질소 선물은 암모니아태로 작물에서 바람직한 암모니아:질산태질소를 3:1 비율로 맞추게 돕는다. 이 중요한 비율은 식물의 복원력을 증진하고 화학적 개입의 필요를 낮추며, 농사의 즐거움을 늘린다.

세균은 작은 질소 탱크 이상이며, 모든 종류의 미네랄을 함유하며, 원생동물에 의해 순환될 때 그것은 모두 식물에 유효하게 된다. 이 순환은 "미생물 고리"라고 불리며, 오랫동안 토양에서 원생동물의 주요한 이점으로 간주되었다. 식물은 균근균 같은 공생균과 다양한 유리생활 유용균에게 양분이 첨가된 당을 먹이로 제공한다. 이에 대해 토양 생물은 그들의 후원자에게 다양한 보상을 제공한다. 이것은 "네가 나를 보살피면 나도 너를 보살필 것이다."라는 거래다.

식물 뿌리들은 서로 소통하면서 분비물의 성질을 결정한다. 미생물도 지속적으로 서로와 의견을 교환할 뿐만 아니라 식물 뿌리와도 소통한다.

이 복합적인 의사교환과 의사결정으로부터 다양한 영향을 받는다. 예를 들어 이렇게 의견을 교환하는 옥수수는 당 분비량과 조성을 직접 결정한다. 이것은 단순한 상호교환이 아니다.

근권 구조도 이 상호작용에 영향을 받는데, 원생동물이 지극히 중요한 뿌리 발달에서 핵심 역할을 한다.

_〈흙살림신문〉 2017. 11월호. NTS. 맞춤법 또는 기타 이유로 첨삭함.

산짐승과 두더지 퇴치법

1. 멧돼지

① 강황을 농장 주위에 심어놓으면 멧돼지가 안 온다.

옥천 산계뜰 농가의 경우 이런 조치로 효과를 보았다고 합니다.

② 빈통을 이용하여 만든 등

멧돼지는 진흙 목욕을 하러 논에 자주 오므로 논 주위에 빈 주스통에 석유를 넣고 헝겊으로 심지를 만들어 냄새가 나게 해 밤에 목욕하러 오는 멧돼지들이 오지 못하게 막는다.

③ 머리털을 기름에 볶아 퇴치

이발소나 미장원에서 버리는 머리카락을 얻어 와 불에 볶아 양파

자루 같은 것에 넣어 밭에 매어 달면 멧돼지가 오지 못한다.

④ 밭 주위에 뒷거름 장벽을 만든다

밭 주위에 가는 홈을 파고 그곳에 뒷거름을 넣는다. 즉, 밭 주위에 뒷거름의 장벽을 만들어둔다.

⑤ 멧돼지 피해는 냄새로 없앤다.

멧돼지는 코가 발달하여 냄새를 잘 맡으므로 멧돼지가 오는 길목에 화장비누같이 냄새가 많이 나는 것을 쪼개어 서너 곳에 놓아두면 그 냄새가 싫어서 오지 않는다. 옛날에는 카바이트나 콜타르에 적신 볏짚 단을 몇 곳에 놓았으나 비누가 갖고 다니기도 편리하고 또 오래 간다.

⑥ 헌 바지나 구두를 매어 달아 쫓는다.

헌 바지나 구두를 매어 달거나 놓아두면 사람으로 알고 착각하여 오지 않는다. 그러나 이 방법은 오래가지는 않으므로 다른 방법도 함께 생각해두어야 한다.

⑦ 멧돼지는 소를 싫어한다.

멧돼지는 사람의 냄새가 배어 있는 소가 싫은지 또는 소 그 자체가 싫은지는 모르지만 효과는 뛰어나다. 그렇기 때문에 소를 방목하면 멧돼지는 오지 못한다.

⑧ 둥근 드럼통 같은 것을 무서워한다.

둥그런 드럼통을 논이나 밭 주위에 걸쳐놓으면 멧돼지는 발톱이 걸리지 않아 싫어한다. 그러나 큰비가 오면 유실될 염려가 있으니 주의를 요한다.

⑨ 헌 타이어를 놓아둔다.

멧돼지가 다니는 길목에 말뚝을 박고 그것에 헌 타이어를 걸어놓는다. 타이어가 지면에 10㎝ 정도 떨어져 있으면 좋다. 그렇게 하면 둥근 것이 무서운지 또는 타이어에 닿는 것이 무서운지 오지 못한다.

2. 너구리

① 빈 개집은 격퇴 무기

개 냄새가 묻은 빈 개집을 밭 이곳저곳에 놓아두기만 하면 개 냄새 때문에 오지 않는다. 반년이 지나도 너구리가 오지 않았다는 경험담도 있다. 그렇다면 개집을 여러 개 사든가 만들어서 개를 얼마동안 살게 한 뒤에 밭 주위에 갖다놓으면 좋을 것이다.

② 헌 장화나 신발 냄새가 너구리를 쫓는다.

쓰다가 버리는 장화나 신발(헝겊으로 된)은 사람의 냄새가 배어 있어 너구리가 싫어한다. 비에 젖으면 냄새가 없어지므로 막대에 꽂아놓으면 좋다. 냄새가 강할수록 좋다.

③ 흰 비닐봉지로 너구리를 쫓는다.

물건을 사올 때 얻는 비닐봉지 안에 모래를 반 정도 넣고 주둥이를 묶되 토끼 귀 모양으로 쪼뼛하게 서도록 묶어 300평의 옥수수 밭 주위에 2m 간격으로 25개 정도 놓아둔다. 그러면 너구리가 토끼로 착각하는지는 모르지만 어떻든 오지 않는다.

④ 헌 신문지로 쫓는다.

둑에다 헌 신문지를 펴놓으면 거짓말같이 효과가 있다. 잉크 냄새 때문인지는 몰라도 어떻든 오지 않는다.

3. 두더지 퇴치법

퇴비를 주면 땅이 좋아져 지렁이가 많이 생기고 이로 인해 두더지가 나타나 농작물에 피해를 주는 경우가 있어 두더지 퇴치에 대한 문의가 많다. 이에 몇 가지 퇴치 방법을 정리해본다.

① 어성초 잎으로 두더지 퇴치

어느 곳이든 파 뒤집는 두더지도 어성초 잎에는 약하다. 그러니 어성초 잎을 두더지 구멍에 놓아두기만 하면 효과가 있다. 이렇게 하면 냄새 때문인지 두더지가 오지 않는다.

② 자몽 껍질로 두더지를 막는다.

자몽 껍질을 버리지 말고 두더지 굴에 넣어놓으면 그곳으로는 두더지가 다니지 않는다.

③ 붓순나무로 두더지 퇴치

붓순나무 냄새를 싫어한다는 것을 이용해, 뒷산의 붓순나무를 20 ㎝ 정도로 길게 잘라 채소밭 주위에 꽂아놓았다. 그랬더니 두더지가 거의 나타나지 않았다. 옛날에도 묘지에 붓순나무를 놓아두고는 했는데, 여기에도 다 뜻이 있었던 것 같다.

④ 고등어 대가리로 두더지를 쫓는다.

고등어 대가리를 묻어두면 두더지가 오지 않는데, 이는 고등어의 비린내 때문이다. 또 일본 홋카이도 지방에서는 논둑에 석산꽃(상사화. 꽃무릇이라고도 함)을 심어 두더지나 쥐가 오지 못하게 하고 있다.

⑤ 오징어나 다랑어 소금 절임으로 두더지 퇴치

이것들을 두더지가 다니는 굴에 지렁이 모양으로 길게 늘어놓는다. 두더지는 물을 싫어해 먹지 않는 버릇이 있어, 이 성질을 역으로 이용한 것이다.

⑥ 껌으로 두더지를 막는다.

두더지 굴을 따라 껌을 넣어놓으면 두더지가 그 냄새를 맡고 먹는다. 이때의 껌은 씹기 전의 냄새가 강한 껌인데, 사람은 껌을 씹은 다음 종이에 싸서 버리지만 두더지는 먹은 뒤 소화시키지 못하고 밖으로 나와 뒤집어지고 만다.

⑦ 썩은 냄새로 두더지 퇴치

두더지가 썩은 냄새를 싫어한다는 점을 이용해 크레졸 원액을 누더기 같은 것에 적셔 밭 이곳저곳에 묻어둔다. 효과는 100%이며, 두더지가 오지 않는다.

⑧ 나프탈렌 냄새로 두더지 퇴치

두더지는 고약한 냄새를 싫어해서, 옷장에 넣어 좀을 방제하는 나프탈렌을 두더지 굴에 넣어놓으면 두더지가 급히 사라진다. (다니는 굴에 냄새가 나는 정로환 3~4개를 넣어도 된다.)

⑨ 헌 비닐봉지를 대나무에 묶어 밭 이곳저곳에 꽂아놓는다.

비닐봉지를 대나무 끝에 묶거나 빈 생수 패트병(500*ml*)을 대나무 끝에 거꾸로 매달아 300평당 서른 개 정도 땅에 꽂아놓는다. 이리하면 바람이 불 때 비닐봉지나 패트병이 탁탁 소리가 나면서 대나무를 통해 땅속으로 진동이 전달되어 두더지가 오지 않는다. 그러나 대나무 대신 플라스틱 막대를 쓰면 전혀 효과가 없다.

⑩ 바람개비 진동으로 두더지 퇴치

논밭 주위의 두더지 구멍 끝에 가는 대나무나 쇠파이프를 꽂고 그 끝에 바람개비를 만들어 달면 두더지는 그 진동을 경계하여 오지 않는다.

⑪ 멀칭 전에 석회유황합제를 흰가루병 방제도 겸해 뿌리거나 하우스 주위에 마늘을 심거나 하우스 주위에 홈을 파고 물을 댄다.

멀칭을 하기 전에 석회유황합제를 300평당 9㎏ 정도 흰가루병 방제를 겸해 뿌린다. 또 하우스 주위에 마늘을 심어놓으면 냄새가 싫어서, 그리고 하우스 주위에 홈을 파고 물을 대어놓으면 두더지가 오지 못한다. 단, 두더지가 굴을 파는 것은 보통 지면에서 10㎝ 정도이므로 이 이상 홈을 깊게 파야 한다.

⑫ 두더지 굴에다 유안과 석회를 한 줌씩 섞어 넣어준다.

이렇게 하면 암모니아 가스가 나와 즉시 온 굴 안에 퍼지므로 두더쥐가 도망을 친다.

4. 기타 산짐승

① 논둑이나 밭둑에서 가정용 LPG 가스통을 이용해 화염방사기식으로 풀을 태운다.

이때 나는 가스 냄새 때문에 10~12일 정도 산짐승이 오지 않는다. 그러나 이때는 불이 번지는 것을 미리 방지해두어야 한다.

② 크레졸비누를 병속에 넣어서 군데군데 둔다.

그러면 고라니가 냄새 때문에 오지 않는데, 이때 비가 들어가지 않도록 해야 한다.

③ 박제한 족제비를 두어 고양이로부터 논의 오리를 지킨다.

산과 가까운 논이나, 여러 해에 걸쳐 오리를 방사하여 벼를 재배하는 논에서는 족제비가 문제가 되는데, 이 족제비를 박제하여 새끼 오리 주위에 놓아두면 고양이가 그 근처에 얼씬도 하지 못한다.

④ 개로 토끼 피해를 막는다.

과수원에서 새 피해나 토끼 피해를 막기 위해서는 과수원에 개를 매어놓고 주변을 다니게 하다가 개가 그곳 지리에 익숙해지면 풀어 놓아주되 개 목에 종을 달아둔다. 그러면 새나 토끼가 그 소리에 놀라 오지 않는다.

⑤ 쌀겨 절인 것으로 산토끼를 쫓는다.

단무지를 담그고 난 쌀겨를 토끼들이 다니는 길에 뿌려놓으면 절임쌀겨의 강력한 냄새 때문에 오지 못한다.

⑥ 밀감 껍질로 벼 모판의 개구리를 쫓는다.

개구리가 우는 소리는 들을 만하지만, 벼 모판을 헤집고 다녀 모를 망치는 피해를 입힌다. 밀감 껍질을 버리지 말고 논에 널어놓는다. 이렇게 하면 올챙이가 자연적으로 논에서 자취를 감추어버린다.

⑦ 황산니코틴 물을 부어 뱀을 쫓는다.

닭을 기르는 분들에게는 뱀이 문제이다. 뱀은 계란을 단번에 삼켜 버리고도 아무것도 먹은 것 같지 않다. 황산니코틴 800액을 물뿌리개로 뱀이 나올 만한 곳에 뿌리면 뱀을 퇴치할 수 있다. 뿌리는 양은 때때로 달라지지만 약의 강한 냄새로 뱀이 오지 못한다.

⑧ 목초액에 가라앉은 찌꺼기로 뱀이나 지네를 쫓는다.

목초액은 가만히 놓아두어 정제하여 쓰는데, 이때 밑에 가라앉은 타르분을 뱀이 올 듯한 곳이나 지네가 다니는 곳에 발라놓으면 오지 못한다. 특히 돌이 많은 고장에서는 돌로 담장을 만들면 지네가 많이 나타난다.

⑨ 담배꽁초를 실에 꿰어 과수에 묶어두어 뱀이 오지 못하게 한다.

과수원에 쥐가 많으면 그것을 잡아먹기 위해 뱀이 많이 오며, 때로는 나무에 올라가 동아리를 틀고 있어서 작업하는 사람들을 깜짝 놀라게 한다. 담배꽁초 대여섯 개를 실로 꿰어 나무에 묶어두든가 매어 달면 뱀이 담배 냄새 때문에 나무에 올라가지 못해 안심하고 작업할 수 있다.

⑩ 머리털로 유인하는 독사

논물을 걸러 대기할 때 물꼬에 숨어 있는 독사는 공포의 대상이다. 쥐나 두더지, 개구리를 잡아먹으려는 독사는 이 시기에 가장 많이 나타난다. 뱀장어의 포획망과 같은, 들어가기는 쉽지만 나오기 어려운 대나무망이나 그물망을 독사가 올 듯한 곳에 놓아두고 그 속에 사람의 머리털을 놓아둔다. 냄새에 이끌리어 독사가 이 통발 안에 들어오기만 하면 끝장이다. 아마도 뱀이 들어오는 것은 사람의 머리털 냄새인 듯하다. (자료: 갈마루)

※ 주의! 산짐승과 두더지는 매우 영리해서 한 가지 방법만 갖고는 오래가질 않는다. 1~2년마다 계속 딴 방법으로 바꾸어주어야 한다.

참고문헌

『유용미생물 활용기술 자료집』(코린코리아, 2001·2003)
『친환경농업을 위한 퇴비제조와 이용』, 표준영농교본 89 (농촌진흥청, 2002)
『흙살리기와 시비기술』(농협중앙회, 2001)
『흙살림 자료집』(흙살림연구소, 2012)
김계훈 외, 『토양학』, (향문사, 2008)
농진청, 『가축분뇨 퇴·액비 품질관리와 활용』(국립농업과학원, 2012)
석종욱, 『땅심 살리는 퇴비 만들기』(들녘, 2013)
윤성희, 『유기농업자재의 이론과 실제』(흙살림연구소, 2008)
이완주, 『흙, 아는 만큼 베푼다』(들녘, 2012)
이완주, 『흙을 알아야 농사가 산다』(들녘, 2009)
이태근, 『흙을 살리는 길』(흙살림연구소, 2008)
임태준·박진면·이중섭·이성은, 『시설원예 토양관리』(국립원예특작과학원, 2014)
장병춘 외, 『작물별 시비처방 기준』(국립농업과학원, 2010)
조성진 외, 『토양학』(향문사, 1996)
최정, 『흙이 죽어가고 있다』(혜안, 1999)
한국유기농업보급회, 『자연농약에 의한 병충해방제』(서원, 1992)

김형환, 「기생부위별 선충의 분류—뿌리혹 선충류」(농촌진흥청, 2009)
김형환, 「뿌리혹선충. 작물생산량 좌지우지」(국립원예특작과학원, 2013)
정대이, 「퇴비차」(2011)

정영륜, 「미생물과 산업」 (1992)
정영륜, 「시설 원예작물의 잿빛곰팡이병 방제용 미생물 농약개발」 (경상남도 농촌진흥원 연구보고서, 1993)
조남석, 「폐재의 토양개량제 제조연구」 (영남대 자원문제연구소, 1990)
최관호, 「토양시료채취요령, 퇴비발효에 따른 장단점」 (2012)
최두회, 「유기물의 시용효과와 퇴비제조방법」 (농과원, 2009)

『日本現代農業』 (農文協, 1996 · 1997)
農文協編輯部, 『有機物を使いこなす』 (1987)
島本邦彦, 『微生物農法(上·下)』 (酵素の世界社, 1968 · 1970)
島本邦彦. 『島本 微生物農法』 (農文協, 1988)
松崎敏英, 『土と堆肥と有機物』 (家の光協會, 1996)
植村誠次, 『廢材堆肥』 (全國林業改良普及協會, 1969)
河田弘, 『バーク(樹皮)堆肥』 (博友社, 1982)
鶴島久南, 『花卉園藝』 (養賢堂, 1973)

「線蟲を抑制える綠肥, 一擧紹介」 (農文協, 2009 10월호)
近岡一郎, 「線蟲の多い畑が健康な畑」 (『現代農業』 1987년 10월호)
三枝敏郎, 「地力のある耕地ほど線蟲の種類と數が多い」 (『現代農業』 1985년 10월호)
西澤務, 「未分解有機物が線蟲には效果的」 (『現代農業』 1985년 10월호)
佐野善一, 「線蟲對抗植物の利用」 (四國農業試驗場, 1991)
淸水寬二, 「ウリ類の蔓割病に對するおがくず牛糞堆肥の施用效果」 (1983)

Coppola M., eds., "Trichoderma harzianum enhances tomato indirect defense against aphids", *Insect Science* 24: 1025-1033
Sharon E., eds., "Biological control of the root-knot nematode Meloidogyne javanica by Trichoderma harzianum (Phytopathology 91:687-93)